lateral
thinking
creativity step
by step

水平思考
让新想法源源不断

［英］爱德华·德博诺◎著
（Edward de Bono）

王琼◎译

中国人民大学出版社
·北 京·

Lateral Thinking

目　录

译者序一　从源头理解创新 / 1

译者序二　洞察力创新：看见"看不见" / 1

序言　水平思考是关于"创造"的 / 1

前言　挣脱旧想法的牢笼 / 1

0. 关于本书 / 1

1. 大脑的工作方式 / 13

2. 水平思考与垂直思考的不同 / 29

3. 对水平思考的态度 / 39

4. 水平思考的本质 / 45

5. 水平思考的应用 / 51

6. 技巧 / 57

7. 生成多种方案 / 59

8. 挑战假设 / 89

9. 创新 / 103

10. 暂缓判断 / 105

11. 设计 / 111

12. 主导思想和关键因素 / 123

13. 分解 / 133

14. 反转法 / 145

15. 头脑风暴 / 155

16. 类比法 / 177

17. 切入点和关注区域的选择 / 187

18. 随机刺激 / 205

19. 分割、概念、两极化 / 221

20. 新词 PO / 241

21. 开放性阻力 / 285

22. 描述、问题解决、设计 / 297

结语 / 319

Lateral Thinking
译者序一

从源头理解创新

2024 年元旦刚过，我收到了中国人民大学出版社编辑团队的邀请——他们希望我为《水平思考》一书中文版的再版写篇新的序言。我非常高兴，也特别感谢，然而更多的是——感动！感动什么呢？我翻开 2018 年 1 月写的序，感动于时光荏苒。一晃六年过去了，但编辑团队和我们为创新思维点火助力的初心不变、努力不变、希望不变，那就是——以水平思考的精神和精髓促进更多的应用和改变。

这六年来，我从讲出水平思考的经典故事到讲好水平思考在中国的故事，发现它的经典之处在于，提供创新思维的源代码，从核心启发人们理解思考、理解创新，同时快速上手学会应用水平思考的工具，见证它带来的改变和效果。无论这个世界如何不确定，无论受到哪些因素的影响，如政经环境变化、人工智能迅速崛起，经过 60 年时间和实践检验的水平思考依然在世界创新思维的品类中独树一帜。

创新思维的源代码

"水平思考"这一概念的提出者爱德华·德博诺博士在创新思维领域的地位是奠基性的。他被彭博新闻社称为"创新思维的权威和教授思维技巧的先驱者、改变人类的思维方式的缔造者、创新思维之父",欧洲创新理事会还将他列为历史上对人类贡献巨大的二百五十人之一。因为他在历史上第一次把创新思维的研究建立在科学的基础上,所以德博诺这个名字也成为创新思维的象征。

简单来讲,德博诺在创新思维领域有三个"最",这使得水平思考成为具有第一性原理的创新理念和方法论。

第一,他最早建立了创新思维训练的体系。医学专业出身的他,基于医学、心理学、脑科学、神经科学、生理学、哲学等一系列基础学科并打通了学科间的界线,于1967年在博士论文中提出了对大脑模式的理解以及水平思考的概念,即以非传统的方式关注逻辑思维忽略的因素从而解决疑难问题的方法。

"水平思考"(Lateral Thinking)这一名词很快被收录到《牛津英语大词典》《朗文词典》《韦氏大词典》,成为国际上正式认可的系统创新的方法论。

第二,他最早将思维训练进行推广和应用。1969年至1972年,德博诺博士获得了剑桥大学的资助,建立了认知研究基金会(Cognitive Research Trust，CoRT），创建了"柯尔特思维训练体系"，先后在牛津大学、剑桥大学、哈佛大学、伦敦大学等世界顶级学府教授思维方法。他说，思考是人类最根本的资源，无论是谁都可以通过思考让自己变得更好，但是思维不是任何课程的副产品，应该专门训练人们的思考力。他坚信思维的质量决定未来的质量。

第三，他最早将创新思维的训练进行了商业推广和转化，让水平思考在全球得以被广泛运用，并取得了惊人的成果。受惠于水平思考等方法的既包括著名跨国公司，也包括联合国教科文组织、青年总裁组织、美国律师协会等组织，以及汤姆·彼得斯（管理大师，《追求卓越》的作者）、菲利普·科特勒（现代营销学之父，直接受"水平思考"启发而提出"水平营销"）、谢尔顿·格拉肖（1979 年诺贝尔物理学奖得主）、彼得·尤伯罗斯（1984 年洛杉矶奥运会组委会主席，通过运用"水平思考"等方法使洛杉矶奥运会实现盈利 2.25 亿美元，一改奥运会长期亏损的历史）这样的精英。

得益于深厚的学术背景和敏锐的商业洞察力，德博诺博士在国际创新思维训练领域积累了很高的知名度。他提出的水平思考概念也因其差异化的优势成为这一领域的标杆。

水平思考关注思维的广度

人们常说，人和人之间最大的差异是认知，也就是思考方式的差异。差在哪里呢？思考既抽象又难以观察。如何以简单的方法去理解思考、认识创新，从而让人们愿意学、学得会、想得到呢？

德博诺的方法从来都是用极简方式介绍，以具体工具引导。在本书中，他以积木的模型分享了什么是信息、什么是模式、如何改变模式，从而以简单的方式、例子和练习帮助我们弄清楚看不见、摸不到的万千思绪。

从一个核心看水平思考，它涉及改变大脑模式、产生新的感知，从而带来创新的洞见。

德博诺常举一个例子。他说，一个人从里到外要穿的衣服加起来大概有 11 件，如果每天早上出门前要把这 11 件衣服按照不同的排列模式穿搭，那就是 11 的阶乘，有 3 900 多万种穿法。如果每分钟尝试一种，等穿完所有的组合，时间已经过去了 75 年。那么，为什么我们成人基本上每天五分钟左右就能穿好衣服呢？这是因为大脑模式已经给我们规定好了穿衣的方法，可行的有 5 000 多种，比如不能先穿长裤再套短裤（当然，像"超人"那样也可以，只是出门会引无数人侧目）。基于这 5 000 多种组合，我们会很快找出合适的先穿好（有人为了打扮新奇则另说）。这就是大脑早已安排好了熟悉的模式，我们根本不用费心去思考。

丹尼尔·卡尼曼在其所著的《思考，快与慢》一书中提到，人类有快思考系统一和慢思考系统二。而德博诺早在 1967 年就提出，大脑的作用之一就是快速形成模式,唯有如此我们才能生存下来。这是优点,也是缺点,因为形成的模式会束缚我们,让我们看不到也不愿意尝试新的可能。所以,大脑中已形成的模式并不有利于创新,要想创新首先要打破这个模式。

然而,如果不借助有力的工具和方法,我们很难打破固有的思维模式。正是基于此,德博诺提出了水平思考(也被译成"横向思维"),它和垂直思考相对照。

垂直思考关注逻辑、深度、缜密的判断。水平思考则关注拓展思维的广度,以思考的不连续性和不对称性再造模式,拦住固有思维的主路,拓展和探索新路,让思考过程和结果更有价值、更有章法、更有效率,这是水平思考的核心特点。

此外,水平思考和头脑风暴有所不同。德博诺打过一个比方:头脑风暴之后剩下什么呢?碎片化的东西多。有点儿像机关枪式的扫射,虽然能打中目标,但可能耗费的弹药也比较多。水平思考则有点儿像狙击手,精准聚焦,高效思考,进而产出高质量的想法。

有趣的是,近两年来我遇到有些企业同时采购"设计思维"和"水平思考"课程。我问企业的培训负责人为什么这么安排,一位负责人告诉我:"设计思维"在同理心或创新思考的前端更有效,而"水平思考"在整体创新及产生主意的时候更强大。

水平思考的价值在于弥补垂直思考的不足,同时为头脑风暴提供更具可操作性的创新工具，还可以配合设计思维等方法论有效地生成主意。

水平思考的中国实践

以前我介绍较多的是水平思考在其他国家的成功案例，现在我分享更多的是水平思考在中国企业取得的不菲成就。讲好水平思考的中国故事是我的使命，而越来越多的中国企业也贡献了非常出色的水平思考案例。

一家新能源集团的几百位高管学习了水平思考，他们贡献了世界级的创新案例。该案例获得了德博诺创新总裁奖，为企业争得了荣誉。

在一家奢侈品公司的创新年会上，我带领410位销售伙伴就一个难题运用了水平思考工具——概念提炼和随机输入，在一小时内产生了1 600多个主意。后来，公司负责人在总结发言中感叹地说，这1 600多个主意给了她极大的信心，她相信一定能从中筛选出有生命力的想法，使创新获得成功。她和团队在一年时间里将想法变为行动，获得了总部的高度肯定，在人员晋升和营销推广上都取得了卓尔不凡的成果。

在一家汽车公司，市场部的120名成员通过四次水平思考的培训产生了700多个创新想法，最后112个得以实施。

译者序一

一家公司使用水平思考中的"挑战"工具解决了线下体验店装修费用过高的问题,最后每家店面至少能够节省4 000多元,整个公司5 000家线下体验店共节省了2 000多万元,实现了降本增效。

这是水平思考带来的力量,也是越来越多的企业和组织选择使用这种方法的动力——扎实的思考工具、清晰的差异化、无可比拟的优势、迅速变现的价值。它也让我成为全球提交成功案例最多的首席讲师。从复购率和客户黏度来看,"水平思考"作为创新界的经典版权课程历久弥新。

水平思考与人工智能

当然,水平思考必须与时俱进,这是它的生命力之核。

要说在多变的世界中不变的是什么,其实还是人们惯常的思考。

德博诺曾犀利地指出,2 500多年来,以经验、惯性和判断为主导的传统思维并没有什么变化。这种方式是否能适应多变的时代呢?我们是依靠每个人的经验单打独斗、出奇制胜,还是可以有一个简单、实用、强大的方法助力我们改变洞见,并在需要的时候像自来水一样,拧开龙头就有好的想法呢?在人们前赴后继提出的各种创新方法论中,水平思考不仅占据了重要的一席之地,而且延伸出了新应用,尤其是在当下。

我听到过这样的说法:人工智能最可能取代的就是创新。我用人工智能测试过很多场景。人工智能能在 5 秒之内给出"不错的答案",因为它是基于大模型的统计和深度学习的。那我们还需要思考吗?还需要创新吗?还需要水平思考吗?我的回答是:我们更需要。

我们要更加明确何谓未来的创新,是发现(finding)还是创造(creating)。大多数人工智能生成的答案都是基于人类提供的信息、数据进行统计并组合生成的结论,它们更多的是"发现",是基于万亿次级的运算统计生成的想法,这很有效率。

然而真正的创新——按照德博诺的定义——是建立我们之前没见过的新联系并带来新价值和新改善。这需要更高质量的思考和真正的创造。

面向未来,水平思考的意义是帮助我们上升到有高度、求本质、有过程的系统创新,从通过人工智能发现的结果中提取概念,生发出更多、更好、更新的想法,同时使我们对收获的想法更笃定、更有信心,从而激励我们付诸行动、提供价值、检验成效。当然,我们的主动思考会让创新过程更有"人味",因为人工智能的确提供了很多"答案",但如果没有人类的感知、品味、收获、行动,这些"答案"依然只是一堆信息或一堆"鱼",而水平思考希望成为钓鱼的方法或授人以渔的鱼竿。水平思考训练如何探索焦点?如何提取概念?如何挑战现状?如何以随机刺激的方式打破模式?如何以 PO 的大胆创新再造我们对问题或机会的认识?

译者序一

在德博诺系统思维中,水平思考就是创新的代名词。你可以分析过去,但必须设计未来。这条路不好走,但是请让水平思考的理念陪伴你一路前行,探索新机会,生成新洞见,让创新有"章"可循,有"法"可依。

王琼

德博诺(中国)首席讲师

2024 年 2 月

Lateral Thinking
译者序二

洞察力创新：看见"看不见"

朝一个方向看得再远，你也未必能看到新的方向。一扇大门，任谁都能发现，可是一扇曲径通幽的小门也许能引领我们看到新景色。总是走在老路上，未必能到达新的地方。

所以，如果机会没来敲门，那就创建一扇门！在同质化现象越来越普遍、差异化越来越小的时代，我们应如何规划，以寻找新机会、拓展新领域、建构新的独特价值呢？这意味着设计，意味着创造，意味着新思路。所以"思考"比以往任何时候都显得更加关键，而"创新"与"创造"也比以往任何时候都更加重要，因为这种能力是引领者和追随者的分水岭。

然而，不论是孩子还是成人，我们在学校乃至企业，很少单独把思维或者创新思维作为独立的课程和训练进行系统学习。而现实是，越是重要的岗位就越需要思考，越是困难的地方就越需要创新。当下，思维模式的升级已经成为常态。创新，不再是旧式的头脑风暴，不再是艺术家式的灵感突降，而是饥渴地寻求系统的思考方法和步骤，获得新的价值。

那么，本书所介绍的水平思考可能就是帮助我们洞察创新、拓展思路的方法。"水平思考"（Lateral Thinking，又译为"横向思维"），是爱德华·德博诺（Edward de Bono）博士于1967年在心理学、生理学和哲学的基础上设计的一套思维工具。它让我们看到，突破性的创意并不一定只是因为运气或偶然，创新也并不总是一种天赋，而是一种可以学习的技巧。

本书中，德博诺博士主要从大脑的模式、水平思考的必要性、水平思考的方法论三个方面，以简单而深入的方法，以生动而有力的诠释，让我们对创新有一个全新的认知——它是我们的核心能力，可以通过学习提高，要经过刻苦的努力和锻炼，练就我们的思考肌肉。

德博诺博士首先对人们的思考进行了深入的分析，提出了大脑是基于信息建立模式系统的观点。举例来说，孩子们经常问"为什么天是蓝的""为什么我是女的""为什么青蛙是蝌蚪变成的"，通过探索，孩子们在无拘无束地感受、体验、观察着这个世界。慢慢长大了，孩子们又会问"为什么不"了。例如，"为什么不让我玩游戏""为什么不让我吃汉堡包""为什么不能先去玩再写作业"，这个时候，他们会质疑大人给予他们的约束和要求，甚至还去挑战"权威"。再长大一些，他们便进入了会回答"因为"的年龄。教育和经验都致力于给出正确的答案，却不致力于培养独立的思考和探索能力。越来越多的"标准的盒子"框住孩子们的挑战和质疑。慢慢地，他们也认为："好吧，事物本来就应该是这个样子吧。"随着时间的推移，更多的信息、更多的经验促进大脑的模式系统逐渐形成，而突破模式的创造力的火花可能越来越微弱了。

正因为如此，德博诺博士接着论证了水平思考的必要性，提出水平思考就是改变模式、突破模式的方法。他将思维方式分为两种类型：一种是"垂直思考"，以逻辑与数学为代表的传统思维模式；另一种是"水平思考"，其核心是提供一套有意识的系统创新思维的方法，培养人们对于创造力的态度，赋予人们有效的思考工具，进行更高效而富有建设性的思考。水平思考与垂直思考的主要区别在于，在运用垂直思考时，逻辑控制着整个思维，而运用水平思考时，逻辑只是处于待命状态，提供了一种"有方向的混乱"，在思考的整个过程中，我们的逻辑思维随时待命，从产生的各个创意中做出最终的评判和选择。可以看到，水平思考旨在鼓励我们打破常规的思考习惯，不过多考虑事物的确定性，转而去考虑多种选择的可能性；它关心的不是完善旧观点，而是提出新观点；它不一味地追求正确性，而是追求丰富性。以此，将我们的经验和信息进行重组，形成新的洞察力。

当然，书中最重要的一部分就是提供了水平思考的方法、工具、步骤。德博诺博士指出，我们希望达成的改变，往往要经由辩论和冲突等外部因素产生。但这种方法并不能使改变从根本上发生。水平思考的方法则可以使我们通过对所获得的信息进行洞察和重组，有方向有步骤地产生新想法，改变自己的旧观念，改变原有的感知和做事方式，真正从自身和内在发生改变。不论是引入"关注点"聚焦创新的方向，还是利用"随机刺激"产生新颖的主意，或运用创新的功能词"PO"提出颠覆式的大胆创意，打破固有的思维，驯化疯狂的想法，都是在重构我们的认知，形成新的洞察力，带来真正的改变。想想看，我们的大脑不限于记录信息、应用信息，还能通过洞察和重组信息产生新观点，这种能力提升，对个人、组织乃至整个人类来说其价值不可估量。

德博诺博士在应用水平思考工具以及水平思考能力的训练中，还强调了以下三个重点：

第一，智力是一种潜能，每个人都有，但是思考则是一项操作性的技术，它可以通过学习获得。思考是人类最根本的资源，我们对思考方法的追求永无止境。不论我们已经有多好，我们也总想变得更好。思考的目的是使我们变得更好。因此，培养思考的意愿，尤其是培养创新思维的态度尤为重要。德博诺博士在书中首先把水平思考（Lateral Thinking）称为"水平思考态度"（Lateral Attitude）。德博诺博士提醒我们：如果头脑固执，不能改变，那么长头脑的意义又是什么呢？所以，在本书中，他建议要以积极的态度、延迟的判断对待创新的想法。如果一开始就否定，那么批判就像久久不能散去的乌云，令人压抑，那就没有人愿意或者敢于提出自己的观点了。因此，创新思考的训练是让我们点燃创造力的激情，通过想法、态度和工具的辅助让我们打破自己固有的思考模式，跳出原有思考的束缚，为找到机会、解决问题而持续创新，打开思考的窗户，擦亮探索的眼睛。

第二，每个人都可以通过学习变得富有创造力，但是我们需要思考的工具为我们助力，为我们提供指引。通过本书中有步骤的水平思考的训练，人们可以进行系统性的、有方向性的、纪律性的按需创新或者定制化创新。通过运用水平思考的工具，我们首先产生更多的主意，开阔视野，打开感知的角度，之后再去收获高质量的主意。

我记得，有一家啤酒公司，在一次水平思考训练刚刚开始的时候，大家想出了节省包装成本的 20 个主意，但是一看市场总监，他还是眉头紧锁，因为实际上这些主意并没有什么新内容。但是当大家用"挑战现状"和"重新设计"的创新方法产生了 100 多种替换方案的时候，市场总监的眼睛亮了起来，开始频频点头。最后，在众多的想法中，他们筛选出并实施了其中的一两个主意。基于多样性的创新产出，最终诞生了高质量的落地想法，这种方法让市场总监感到非常满意。

第三，工具的应用有一个学习和实践的过程，只有通过不断的操练，才能做到熟能生巧，得心应手。德博诺博士在书中屡次强调，在工具的教学中仅靠鼓励和赞美有时并不能带来提高，我们真正需要的是给出明确的步骤，具体指引学习，通过刻意训练，不断强化思考的力量，才能逐渐掌握对工具的认知和应用。本书中，德博诺博士基于水平思考的方法，几乎是手把手地提出了细化的讲解、设计、指导、训练、反馈、再训练的流程，让我们有章可循，有"法"可依。

所以，德博诺博士建议，我们应该按照这一流程进行规范化思考，不再坐等灵感乍现，而是把注意力引导到创新的思考上来，即便运用现有的知识和经验，也能针对问题的核心提出与众不同的解决方案。但是，这样的能力必须通过刻意的训练才能获得，我们的思维才能得到指引。否则，有再大的潜力也不一定知道该如何发挥。

思维的质量决定了未来的质量。但是思维需要工具指引，指引需要方法训练。德博诺博士曾经举过一个形象的例子：一个人的双手被捆住了，脚边放着一把小提琴。那么，仅仅把他的双手解放出来，他就一定能拉小提琴吗？还要看他是不是有拉小提琴的能力，是否掌握了拉小提琴的技巧。创新思维也是如此，不是说我们被赋予了自由，就一定会创新，能创新。我们还需要创新思维的方法论和工具，并且需要努力地训练，才能成长。试试"水平思考"的方法吧，希望它可以让我们突破固有的模式，建构新的洞察，拓展新的方向，寻求新的角度，开辟一扇新的大门，设计一条向前的路，使我们真正能够看见以前没有看见，或者虽然看见却没有感知到的新景色。

王琼

德博诺（中国）首席讲师

2018 年 1 月

Lateral Thinking

序　言

水平思考是关于"创造"的

本书可作为学习的教材，也可作为拓展知识的业余读物。传统教育向来强调垂直思考，这种思考方式虽然有效但并不全面，垂直思考是选择性的，缺少了创造性思维方式包含的"创造"特性。近年水平思考方式越来越被重视，但即便其创新的可取之处已被认可，激发创新思考的方法却仍然有限和含糊，缺少经过深思熟虑的实用方法。本书所探讨的就是利用信息来激发新创意或对已有知识体系进行重构的水平思考过程。水平思考可学习、可练习、可应用。和数学技能一样，水平思考技能同样可以习得。

水平思考变得日益重要，很多老师都在寻求教授和引导学生水平思考的实用方法，本书正是他们的福音。书中提供了练习水平思考的机会，同时也解释了相关流程。老师可自行决定如何使用本书，也可以以本书为基础来设计课堂作业。

学校教育全面推广创新实践仍需要一定的时间,有些家长不愿意被动地等待。他们希望在家庭教育中引入水平思考,作为对学校教育的补充。

值得强调的是,水平思考和垂直思考两种思考方式并不是对立的,水平思考和垂直思考都必不可少。垂直思考的用处也很大,但要融入创新并避免僵硬才能更大地发挥效用。有朝一日学校一定会完成这项工作,但在此之前有必要先在家庭教育中推广水平思考。

阅读本书时不能一口气读完,而是要循序渐进,花上几个月甚至几年的时间认真琢磨。因此,书中的很多原则会反复出现,这样才能保证主题完整,避免仅仅掌握一些零散的技巧。在阅读本书的过程中要切记:实践比理解重要得多。

Lateral Thinking
前　言

挣脱旧想法的牢笼

水平思考与洞察力、创意和幽默密切相关。这四个过程的基础是相同的。但洞察力、创意和幽默可遇不可求，水平思考则是刻意的过程。它和逻辑思考一样，也是一种使用大脑的特定方式，但两种方式区别很大。

文化是很多知识、思想的合集，教育则是把这些知识、思想传输给他人。两者都需要不断地进化、更新，做到与时俱进。冲突是改变观点的唯一途径，通过两种方式实现。第一种方式是两种对立观点的正面交锋，一种观点压倒另一种观点，占据主导地位，后者被压制却并未被改变。第二种方式是新信息和旧的观点之间发生冲突，旧的观点最终被改变。这是一种科学的方式，在这个过程中，我们通过生成新信息得到新观点，放弃旧的观点，其实这不仅是科学方法，也是人类获取知识的方法。

教育所基于的假设是，一个人只有不断地获取更多信息，才能整理出有用的信息来。我们为此发明了多种信息处理工具，包括用数学来扩展信息、用逻辑思维来提炼信息。

如果能以客观的方式来评估信息，利用冲突来改变观点的方法就能有效发挥作用。但如果只能通过旧观点来评估新信息，"冲突方法"就是无效的。旧观点非但不会改变，反而会得到强化，进而变得越发顽固。

要改变观点，最有效的方式不是借助外部冲突，而是从内部重新梳理对现有信息的洞察。在无法客观地评估信息时，洞察是在混乱环境下使我们改变观点的唯一有效方法。即便在科学的环境下，有能力客观地评估信息，重新整理大脑中对信息的洞察也能带来巨大飞跃。教育不光要教会人们如何获取信息，还要教会人们利用已获取信息的最佳方式。

如果大脑中的观点领先于而不是落后于外部的信息，就能引发飞速发展。但我们并没有处理大脑中的洞察的实用工具，只能不断地获取信息，寄希望于洞察力在某个阶段自动降临。水平思考其实是一种洞察力工具。

洞察力、创意和幽默之所以难以捉摸，是因为人类的大脑十分高效，它能从周围环境中总结模式。模式一旦形成，大脑就能辨别模式，对模式做出反应，并运用模式。而模式也会在不断运用中得到进一步巩固。

模式运用系统是一种高效的信息处理方式。模式一旦形成，就会形成某种代码，而代码系统的好处就在于，人类只要获取足以确定代码的信息就可以识别相应模式，这就好比利用书目编号来调取图书馆中某个主题的书籍。

在讨论中将大脑理解成某种信息处理机器（如电脑）确实会更方便，但大脑不是机器，而是一种特殊的环境，在这种环境下，信息可以自己组织成某些模式。大脑这种自我组织、自我效能最大化的信息系统很擅长创建模式，这也正是大脑的高效之处。

这种模式化的系统有很多好处，但也有很多局限性。在这样的系统中，将不同模式组合起来或增加新的模式是很容易的，但很难将模式进行重组，因为模式控制人的注意力。洞察力和幽默都涉及模式的重组。创意虽说也涉及重组，但更强调打破模式的局限性。水平思考不只是重组和打破，还包含新模式的激发。

水平思考与创意密切相关。但创意通常只是描述结果，水平思考则是描述过程。对于结果，我们只能羡慕，但对于过程，我们却可以学习与运用。有观点认为创意是神秘的，包含了天资及众多无形因素。这种观点在艺术界是合理的，因为在艺术领域，创意涉及美学鉴赏力、情感共鸣、表达天赋。但它并不适用于其他领域。人类越来越将创意视作变革与进步的关键要素。随着知识和技巧越来越容易获得，人类开始认为创意的价值凌驾于这两者之上。为发挥创意，人类必须剥掉这层神秘的外衣，将创意视作一种使用大脑及处理信息的方式。这也正是水平思考的意义所在。

水平思考在于生成新想法。奇怪的是，有人认为新想法必须与技术发明相关，但实际上技术发明只是其中一个很小的方面。新想法涵盖各个领域的变化与进步，从科学到艺术，从政治到个人幸福。

水平思考还在于挣脱旧观点的概念牢笼。水平思考能带来态度和方法的转变，引导人们脱离固有想法，以一个崭新的角度看待事物。从旧观点中解放出来并催生新的观点，是水平思考的两个方面。

水平思考和传统的垂直思考差别很大。垂直思考时，我们要按顺序逐步推进，每个步骤都必须合理。两种思考方式的差异很明显。例如，在水平思考时，人们不是因为信息本身而使用信息，而是因为信息能带来的结果去使用它们。在水平思考的过程中，我们可能需要在某个阶段故意犯错，才能得到正确的方案；而在垂直思考（逻辑或数学）中，这种情况是不可能发生的。水平思考时，我们会故意寻找无关信息；而垂直思考时，我们只筛选出相关信息。

水平思考不是要取代垂直思考。两者相辅相成，都是有用的。前者是创造性的，而后者是选择性的。

垂直思考中，我们可以通过一系列合理步骤得出结论。因为步骤正确，人们对结果的正确性有一种盲目的自信。但无论路径多正确，出发点都是某种感性的东西，这一出发点影响了过程中所使用的基本概念。例如，感性的东西容易产生明显的分歧和极端两极化，之后的垂直思考过程只能基于以这种方式产生的概念来展开。这时就需要水平思考，因为感性的东西是垂直思考无法企及的。水平思考还能动摇对刻板结论的盲目自信，不管得出结论的方式看起来多么可靠。

水平思考能提升垂直思考的效果，而垂直思考能进一步拓展水平思考所生成的想法。不断在一个地方深挖和换个地方挖洞是两件事情。垂直思考相当于沿着同一个洞深挖，而水平思考则相当于换个地方挖洞。

人们过去曾经一味地强调垂直思考，这让水平思考教育现在变得越发重要。仅凭垂直思考，不仅无法实现进步，而且可能是危险的。

和垂直思考一样，水平思考也是使用大脑的一种方式，是大脑的习惯和态度。垂直思考时可以运用特定技巧，水平思考也一样。本书之所以在一定程度上强调技巧，是因为它们实用，而不是因为它们是水平思考的重要组成部分。水平思考能力的培养不能只靠意愿和听课，还需要练习所需的实际环境及必要的技巧。随着人们对技巧的理解不断加深以及对技巧的使用越发熟练，水平思考这种思考习惯和态度会得到持续发展。人们还可以在实际中应用这些技巧。

水平思考并不是什么神奇的新体系。人们利用水平思考来创造成果的例子一直都有，天生倾向于水平思考的也大有人在。本书的目的就是向读者展示：水平思考是思考的基本组成部分，这种技能是可以培养的。除了在为了获得洞察力和创意时应用水平思考，我们也完全可以在日常生活中有意识地应用水平思考方法。

思考的目的是收集信息并尽可能充分地利用信息。由于大脑倾向于创建固定的概念模式，我们只有找到一些方法来对旧模式进行重构、更新，才能充分地利用新信息。传统的思考方式教会我们如何完善模式并确立其合理性，但只有同时知晓如何创建新模式并摆脱旧模式的控制，才能充分利用可得的信息。垂直思考是证明或发展概念模式，而水平思考则是重构已发展出的模式（洞察力）并激发新模式（创意）。虽然水平思考和垂直思考相辅相成，两种能力都不可或缺，但传统教育总是在一味地强调垂直思考。

作为一种自我效能最大化的记忆系统，大脑活动的局限性决定了水平思考的必要性。

0. 关于本书

本书不是为了介绍一个新课题,也不是为了让读者了解某个领域的最新进展,而是供读者应用。读者可以用在自己身上,老师也可以用在学员身上。

年　龄

书中介绍的都是基本流程,适用于所有年龄和所有教育程度的群体。我曾将最初级的演示展示给计算机程序员等群体,而这些人并没有觉得浪费时间。越是见多识广的群体,就越善于透过具体的演示方式总结过程。年龄偏小的群体可能只会注意题目本身，而年龄稍长的群体则会更关注题目背后的要点。较简单的题目适用于所有年龄的群体，而较复杂的题目可能只对较年长的群体有用。

年龄偏小的群体中，视觉形式明显比语言更有效，因为儿童总在试图用视觉方式表达，同时也试图理解用视觉方式表达的东西。

水平思考从七岁的孩子一直到大学生群体都适用。这个群组的年龄跨度似乎很大，但水平思考过程原本就和逻辑思考一样基础，这种适用性明显并不局限于特定的年龄段。同样的道理，水平思考也适用于各种独立学科，它的应用甚至比数学更广泛。无论一个人学的是理科还是工科，是历史学还是文学，都能运用水平思考。正是因为这种适用性，阅读本书不需要有任何特定的学科背景。

一个人从七岁开始就应该尝试培养水平思考的态度并将其作为一种思考习惯。本书介绍的理念能否实际应用于某个年龄段的群组，在一定程度上取决于老师是否有经验以适当的方式展示书中的内容。没有经验的老师在这方面常犯两种错误：

1. 想当然地认为每个人都会水平思考，不用细细讲解。

2. 想当然地认为水平思考是一门特殊学科，对一些人不适用，没有帮助。

本书中实践的部分越往后越复杂（这部分内容与为老师准备的

背景材料是分开的)。整体来看,第一部分实践材料适合七岁的儿童,而后续部分则适合所有年龄层。但这并不意味着第一部分只适合儿童或后续部分只适合成人,而是意味着总有办法将水平思考的态度清楚地解释给任何年龄层的人。

形　式

和逻辑思考一样,水平思考也是一种有时可运用某些技巧的通用思考方式。但是,水平思考的教学,最好能在正式环境下使用特定的材料和练习来教授,这样才能促进水平思考习惯的养成。如果没有正式环境,当事人就只能在水平思考发生时得到些许的鼓励和表扬,这两个过程对习惯培养都没太大帮助。

为水平思考教学留出固定时段,比尝试在其他科目教学过程中穿插介绍相关原则明显更有效。

如果水平思考不得不和其他科目教学穿插在一起,老师应该在整个课时中抽出固定时段(即便主题是一样的,也应该与课程的其余部分区分开)。

只要每周抽出一小时,就足以培养水平思考的态度(读者也可以凭喜好称其为创意思考的态度)。

本书的实践部分包含几个方面。我不建议读者按每节课一章的速度逐一学完,因为这种学习方法没有任何效果。读者应该反复运用每章的基本框架，直到熟练掌握整个流程为止，可以用几个课时甚至几个月的时间来学习一章。整个学习过程中使用的基本材料虽然在不断变化，但训练的水平思考过程是不变的。熟记每个流程并不重要，重要的是应用水平思考。在培养水平思考态度的过程中，深入练习一种技巧和简单练习所有技巧的难易程度是一样的。

这些技巧并没有什么特别之处，真正重要的是技巧背后的思考方法。但仅凭他人鼓励和自身意愿是不够的，因为想要培养一种技能，必须要有练习技能的正式环境和可用的工具。要掌握水平思考技能，最好的方法就是掌握运用水平思考的相关工具。

材　料

本书收录的很多例子看起来简单、不真实。确实如此。因为我使用例子的目的是清楚地呈现思考过程的一些要点，不是为了教学，而是为了鼓励读者深入审视自然的思考行为。寓言和传说的实际内容远不如其要传达的中心思想重要。同样的道理，我也希望能通过简单的例子来阐明重要的观点。

遗憾的是，大脑并没有所谓的开关。我们无法在处理重要问题时使用一种思考模式，处理次要问题时再切换到另一种模式。

无论问题的重要程度如何，大脑的思考系统都会按同样的方式运行，这是人的大脑的特性。在重要问题上，大脑的思考过程可能会受情绪因素的影响，这些情绪在处理次要问题时不会出现。但情绪影响的唯一结果，就是思考的过程变得混乱。也就是说，大脑在处理次要问题时的缺陷与在处理重要问题时的缺陷是一样的。

重要的是过程而不是结果。简单而虚构的题目能以简洁易懂的方式交代清楚流程。我们能从题目中提炼过程，就好像透过代数式中的各种符号总结出数量关系一样。

很多题目采用的都是视觉甚至是几何符号。我特意这样安排，是因为使用语言表述可能会引起歧义。词语本身就是对信息的提炼与描述。在讨论思考流程的过程中，我们必须回归情境本身，因为描述性语句中的用词隐含了描述者的视角，已经在很大程度上受到了思考方式的影响。想要尽可能贴近原始情境，避免思考方式的影响，最好的方法就是采用视觉和几何符号来呈现，因为这两种符号更明确，处理起来也更简单。语言表述不仅涉及视角和用词的选择，含义上的微妙之处也可能会造成误解。而视觉呈现则不具有任何意义。情境就摆在那里，对每个人来说都一样，即便他们后续采取的处理方式可能会有差别。

如果读者能理解虚构的符号演示所阐释的原则，并按推荐流程多加练习，就可以开始处理实际问题。这就和在数学的学习中通过数字、符号及人为的问题来掌握数学的基本原理，再将这些原理应用到重要问题上，是一个道理。

本书提供的材料非常有限，而且这些材料只用来举例。读者在阅读和学习水平思考的过程中必须自己补充材料。

视觉材料

读者可以收集与使用以下素材。

1. 在递进式摆放卡片的环节，读者可以自己设计卡片的形状，也可以构思如何通过其他方式来阐明同一个原理。此外，如果你是老师，还可以鼓励学员自己设计新图形。

2. 可以从报纸和杂志上剪取照片或图片。这些素材在培养用不同方式看待和解读情境的能力的环节能派上用场。当然，关于图片的说明性文字要事先去掉。为方便使用，还可以将图片粘贴到硬纸板上。如果一份杂志上有好几张有用的图片，可以多买几份以供长期使用。

3. 学员自己就可以提供动态场景或人物的速描。一名学员提供的速描可以作为其他人的素材。速描的复杂度或准确度并不重要，重要的是其他人观察画面的方式。

4. 在用图纸来呈现设计的环节，可以将图纸保存好，用作现有及未来学员的素材。

语言材料

语言材料包括书面形式的文字、语音或录音材料。

1. 书面材料可从报纸和杂志中摘取。

2. 老师可以就某个主题写一篇观点明确的文章，用作教学活动中的书面材料。

3. 学员针对某个主题完成的短文也可用作书面材料。

4. 语音材料可从广播节目、广播节目录音或模拟演说录音中摘取。

5. 语音材料也可由学员自己提供，教师可以让学员谈一谈对某个主题的观点。

问题材料

问题适用于鼓励谨慎思考。要让读者马上编出一个问题并不容易。问题可以分为以下几种：

1. 一般性的全球问题。如粮食短缺，这种问题明显属于开放性问题。

2. 较直接的问题。如城市的交通管控，这种问题都是学员能够直接接触到的。

3. 直接问题。这种问题涉及学员在学校的日常交往。如果确实是私人问题，最好的方式可能是采用第三人称叙述的方式。

4. 设计与创新问题。这种问题对成果有明确要求，通常涉及具体物品，但也有可能涉及组织管理或观点。例如，你会如何管理一家超市或幼儿看护中心？

5. 封闭性问题。这种问题有明确的答案。只要找到答案，按照固定的方式来采取行动，就能解决问题。这种问题可能是实际问题（如怎样搭晾衣绳），也可能是虚构问题（如怎样在明信片上挖一个足够让人的脑袋伸进去的大洞）。问题的来源有很多：

● 大致扫一眼媒体报道就能发现很多全球性或较直接的问题（如罢工）。

● 从日常生活中发现问题（如怎样改善铁路服务效率）。

● 学员本身也可以提出问题。老师可以向学员征集问题，然后将问题整理到一起。

● 构思设计问题时，可以随便选一种物品（如汽车、餐桌、书桌），然后思考如何改良它。将过去通常是手工完成的任务交由机器来完成，或者是寻求一种更简便的完成该任务的方式。在这个过程中往往会出现复杂的设计问题。

● 封闭性问题很难找。这种问题首先要有明确的答案，而且寻找答案的过程要有一定难度才有意思，找到答案时还要让人有恍然大悟的感觉。一些经典的问题可能早就被讲滥了。去益智图书中寻找也不是好办法，因为这类图书中的很多问题讲的都是普通的数学技巧，和水平思考没有任何关系。设计封闭性问题有一种简单的方法，就是挑选一些普通任务，然后限制起始条件。比如，如何不使用圆规画圆。用这种方法设计的问题，设计者应该自己先尝试解答，然后再给别人出题。

主题

有时候，我们只想思考某个话题，顺着这个话题（如杯子、黑板、书籍、加速、自由、建筑）深化和发展观点，不涉及任何具体问题或观点的表达。这种话题找起来很方便。

1. 观察周围环境，随便挑个物品，然后提炼出一个主题。
2. 浏览报纸，从报纸标题中提炼主题。
3. 要求学员提供主题。

趣闻与故事

想要阐明水平思考的思路，趣闻和故事是最好的途径，但找起来很难。

1. 可以从寓言集或民间故事中搜集（如《伊索寓言》《阿凡提故事》）。
2. 可以将亲身经历、他人的遭遇、新闻事件记录下来。

材料集

找到符合要求的素材看起来容易，但实际上并不简单。最好养成日常积累材料的习惯：新闻简报、图片、问题、故事、趣闻、学员提出的主题和观点都是很好的素材。只有平时注意积累，需要时才能信手拈来。我们可以借助使用素材的过程了解哪些题目最有用，还可以预测题目的标准答案。趣闻、故事和问题要能凸显水平思考的要点。主题要保持中立性，要具体到能激发明确观点，宽泛到激发多种观点。图片要允许有不同的解读方式：一个男人拿着一盒牛肉罐头的图片符合要求，消防员灭火的图片则不符合要求；一位女士照镜子的图片可能有很多解读方式，警察逮捕犯人或士兵沿街道行进的图片也是如此。如果你自己就能想出来至少**两种解读方式**，那么图片肯定符合要求。

相反，语言材料应尽可能明确。文章一定要观点鲜明，即使观点偏执也没问题。因为笼统而缺乏观点的评述并没有太大用处，只能为考虑某个主题提供背景信息。

和数学等其他思维方式一样，阐明水平思考的方法也可以采用抽象的方式。但最重要的是实际参与。我们可以从抽象的几何图形入手，然后再将过程应用于更实际的情形。不断回到简单图形上以关注过程这种做法很有效，因为如果我们一味地专注于现实情形，就会看不清原理的本质。另外，在考虑真实情形的过程中，我们思考问题时可能会过分专注于获取更多信息，而水平思考的重点，在于调整思路。

水平思考的特殊性

水平思考是思考过程的组成部分。因此，要将水平思考分离出来独立教学的想法似乎很不实际。但这样做也有道理，因为水平思考的很多方法和其他思考方法是对立的（这是由不同思考方式的功能决定的）。除非将水平思考和其他思考方式明确区别开来，否则可能会造成水平思考引起怀疑进而破坏其他思考方式教学成果的错误印象。如果能将水平思考和垂直思考区分开，我们就能避免这一误区，就能充分认识两种思考方式各自的价值。水平思考并不是对垂直思考的挑战，而是通过加入创造力从而提升垂直思考效果的一种方法。

无法保证水平思考的独立性还会带来其他风险，那就是造成水平思考可以穿插在其他科目的教学过程中，不需要为其独立开设任何教学活动的错觉。实际上，这种态度大错特错。每个人都会想当然地以为自己一直在应用水平思考，也在鼓励大家应用。这种错觉很容易出现，但事实上，水平思考和垂直思考的本质截然不同，根本无法在教学中同时兼顾。而只在教学过程中稍微涉及水平思考是远远不够的。想要有效运用水平思考方法，我们首先要培养相关能力，而不是只将它看作一种备选的思考方式。

本书章节安排

每一章都包含两部分：

1. 该章所讨论的方法涉及的背景素材、理论和本质。
2. 尝试并应用该章所讨论的方法会用到的实际练习。

1. 大脑的工作方式

水平思考的必要性是由大脑工作的方式决定的。[①] 作为信息处理系统，大脑虽然很高效，但也有特定的局限性。大脑的这些局限和其优点密不可分，因为大脑的局限和优点都是由大脑系统的本质决定的。想要剔除其局限性而只保留优点是不可能的。水平思考，就是在保留优点的同时努力弥补其局限性。

[①] 《大脑的机制》(*The Mechanism of Mind*) 一书中详细描述了大脑是如何处理信息的，这本书 1969 年在英国伦敦出版 (Jonathan Cape)，1971 年再版 (Pelican Books)，1969 年在美国由 Simon & Schuster 出版。显然我们不可能在这里详细回顾这本书中对这一问题的描述，但我们可以利用书中对系统类型的划分。需要的读者可以进一步阅读这本书。

代码沟通

沟通就是信息传递。想让某人完成某事，你可能会给对方详细的指令，明确地告诉他具体要做什么。这种做法虽然能保证准确性，但可能很浪费时间。如果能只告诉对方"去执行方案4"，那就简单多了，这一句话就代替了几页纸的文字说明。军事领域用代码表示某些复杂的行为模式，只要说出具体代码，就能启动整个行为模式。计算机也是同样的原理：将常用程序存储到命名好的文件夹中，只要输入程序名称就能启用整个程序。在图书馆找书时，你可以详细描述自己要找的书，提供作者、书名、主题、大纲等信息，或者，你也可以只提供这本书对应的馆藏目录代码。

用代码沟通的前提条件是预先设定好模式，事先制定高度复杂的模式，然后编上代码名称。这样沟通时就不需要传输所有信息，只传输代码名称就够了。这种代码名称作为触发词，能用来确定并调取你所需要的模式。这种触发词可以是真实的代码名称，如影片名称，也可以是能让我们联想起其他信息的部分信息。例如，有人可能想不起来某部影片的具体名称，但如果他说"你记不记得有部朱莉·安德鲁斯主演的片子？她在里面扮演一位在非洲照看孩子的家庭女教师"，影片剩下的信息就呼之欲出。

语言是最明显的代码系统，词语本身就是触发器。所有代码系统都有明显的优势，使用代码系统可以很轻松、省时省力地传递大量信息。通过代码系统，可以快速地识别出某种情形并做出适当反应，不需要核实所有的细节；也不需要等到情况充分发展，就能借助早期现象辨认情形进而做出适当反应。

人们通常认为沟通是双向的：有人发出信息，有人识别信息。轮船桅杆上旗帜的排列方式是有意义的，知道代码就能理解其中的含义。但是，懂代码的人也会从派对或加油站随意排列的装饰旗子中提取出信息。

沟通也可能是单向的流程，如与环境沟通。我们会从环境中收集信息，即使这些信息并不是有人故意放在那儿的。

如果让一群人观察随机排列的线条，他们很快就会开始总结重要规律。他们坚信规律是刻意编排的，看似随机的排列实际上并不随机，而是隐含了特殊的规律。研究人员要求学员对铃声做出某种反应，虽然铃声的间隔是随机的，但学员很快就相信，打铃的方式是有规律的。

用代码或预先设定的模式沟通，前提是要事先建立一个模式目录。这就好像图书馆要先整理好馆藏目录，读者才能用图书编码调取书籍一样。如前文所述，每种模式不一定要对应实际代码，模式本身的组成部分也可以用来代替整体。如果听到"约翰·史密斯"的名字就认出某人，用的就是代码名称。但如果在派对上听到他的声音就认出来这个人，用的就是模式的组成部分。图 1-1 中是两个常见图案，每个图案都被幕帘遮挡住一部分，但我们很容易就能通过露出来的部分判断出整体图案。

图 1-1　通过部分判断整体图案

大脑是模式创建系统

大脑是模式创建系统。大脑这个信息系统的工作方式就是创建模式并识别模式。这种行为取决于脑部神经细胞的功能布局。

大脑之所以能在与环境的单向沟通中保持高效，是因为它能创建、存储并识别模式。有几种模式可能扎根于脑海中，表现为本能行为。但和低等动物相比，本能对人类并没那么重要。大脑能接受被灌输的现成模式，但它最重要的特征，是能独立创建模式。大脑创建模式的方式将在其他部分另作讨论。

大脑系统能自行创建并识别模式，所以能高效地与环境沟通。模式只要明确就行，对错并不重要。鉴于模式都是大脑创建与虚构出来的，所以可以说大脑运行是错误的。一旦模式形成，筛选机制会按照功能（恐惧、饥饿、口渴、性欲等）给模式分类，将对生存有用的保留下来。但首先要形成模式，因为筛选机制只负责筛选，不能创建或调整模式。

大脑是自组织系统

你可以想象秘书主动管理归档系统、图书管理员主动制作馆藏目录、计算机主动整理信息的场景。但大脑并不是主动整理信息，信息会通过自我整理组成模式，大脑在这一过程中完全是被动的，它只提供信息自我组织的机会和环境。这种特定的环境就是具备特定特点的记忆表层。

记忆是任何已发生或并非完全未发生的事物，记忆的产物就是留存下来的痕迹。这种痕迹持续的时间可长可短。记忆表层是由神经细胞构成的，进入大脑的信息会改变神经细胞的行为，进而留下痕迹。

我们可以将记忆表层想象成地表，表面轮廓就相当于降雨经年累月留下的记忆痕迹。降雨形成涓涓细流，汇聚成小溪，再奔向大河。排水模式一旦形成，就会不断巩固加深，因为雨水汇入水道之后，会将水道冲刷得更深。雕塑地表的工作确实是由降雨完成的，但降雨雕塑地表的方式，则是由地表的反应所决定的。

地表的物理特征在很大程度上决定了降雨对表面的影响。表面的性质决定了会形成什么类型的河流，露出地表的岩层决定了河流的走向。

我们再来想象雨水掉落在均匀表面的情形。用一浅盘果冻来举例。热水滴落在果冻表面会导致一部分果冻融化，而水柱倾泻下来则会在果冻表面留下浅坑。第二勺水如果落在第一勺旁边，就会流到第一勺留下的浅坑中，加深浅坑，同时还会在周围留下新印记。如果之后接连不断地倒热水（上一勺冷却后马上再倒一勺），就会将果冻表面雕塑成高低不平的形状。均匀的果冻表面提供了一勺勺热水组建模式的记忆表层。虽然表面轮廓是降水造成的，但轮廓一旦形成，就会直接决定水的流向。轮廓的最终模式取决于一勺勺水落下的位置和顺序。同样的道理，大脑的最终模式取决于进入信息的本质和到达的次序。"果冻"为信息自组织模式提供了环境。

有限的注意力持续时间

被动的自组织记忆系统的一个基本特征就是注意力持续时间有限，正是因为这个，一次只能往果冻表面倒一勺水。被动的记忆表层为什么注意力有限，具体的机理原因就不在这里介绍了。但注意力持续时间有限意味着，在任何一个时间点，只有一部分记忆表层能被激活。具体是哪个部分取决于大脑记忆表层当时及不久前受到了什么刺激，以及表层当时的状态（也就是说表层过去经历了什么）。

有限的注意力时间会带来重大影响，因为这就意味着被激活区域是一个单独的连贯区域，也是记忆表层最容易被激活的区域（相当于果冻模型中最深的浅坑）。最易激活的区域或模式也是我们最熟悉的、最经常遭遇的、在记忆表层留下印迹最多的。大脑倾向于使用熟悉的模式，在不断使用中会对这些模式更熟悉。大脑以这种方式逐渐积累预先设定的模式，由此产生的模式库就是代码沟通的基础。

因为注意力持续时间有限，所以大脑被动的自组织记忆表层同时也是自我效能最大化的系统，于是大脑中的选择、拒绝、组合和拆分过程成为可能。这些过程赋予大脑强大的计算功能。

信息到达的顺序

图1-2中，首先展示了两块塑料薄板的轮廓，要求测试者将其摆放好，组成易于描述的图形。测试者通常会按照图中所示的方法排列图形。接下来再添加一块塑料板，要求不变。测试者会直接将其放在正方形的一侧，组成一个长方形。现在又加上两块板。先将两块板拼合起来，再和之前的长方形组合，形成一个正方形。最后再加一块板。测试者会发现，这块新板放哪儿都不合适。虽然之前

的每个步骤都操作正确，但操作却无法继续下去。因为按照现在的形状，根本没有合适的地方放这块新板。

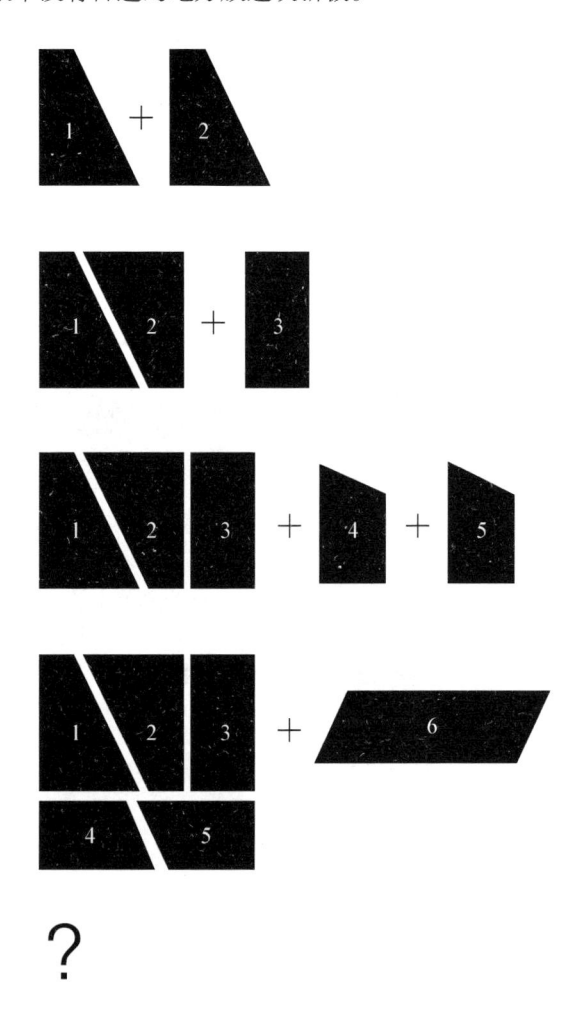

图 1-2　塑料薄板摆放过程

图 1-3 展示了摆放塑料板的另一种方式。按照这种新方式，所有塑料板都有合适的位置，包括最后一块。但很少有测试者会尝试这种方法，因为正方形比平行四边形更显而易见。

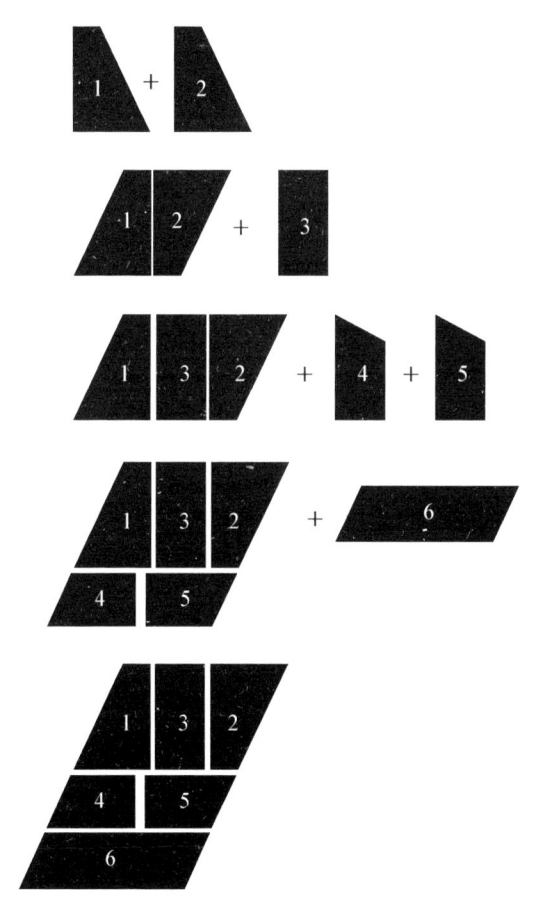

图 1-3 另一种摆放塑料板的方式

如果测试者一开始就组合成正方形，就必须在之后的某个阶段重新将塑料板排列成平行四边形，否则无法继续。因此，虽然我们可能在之前每个阶段都正确，但我们还是要将信息打乱后重组，才能推进下去。

我们用塑料板演示了自我效能最大化系统的运行原理。在该系统中，任何时刻掌握的信息都会按最佳方式排列组合（也就是生理学上最稳定的方式），新涌入的信息会被添加到已有的排列组合中，这与添加更多塑料板的过程大同小异。但是，能在某几个阶段理解已有信息，不代表能持续下去。可能在下一个时刻，我们就不得不打乱现有模式。因为，如果不打破之前一直管用的旧模式并以新方式重组旧信息，我们就无法继续。

自我效能最大化系统必须每时每刻都合乎逻辑。该系统的问题在于，信息到达的顺序决定了排列组合的顺序，因此，系统通常不会按照最佳方式排列信息，因为最佳排列方式和信息片段到达的先后顺序无关，如图1-4所示。

大脑是一个累积记忆的系统，它在对概念、观点等信息进行排列组合时，通常无法最大化利用现有信息。图1-4说明，大脑利用信息的惯常水平明显低于理论最佳水平，只有通过重构洞察力才能接近最佳水平。

最大化利用信息

重构洞察力

↑

↑

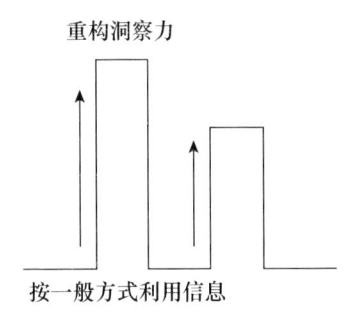

按一般方式利用信息

图1-4　大脑利用信息的一般方式和最大化方式

幽默与洞察力

和塑料板一样，已有信息通常也有不同排列方式，也就是可以切换为其他排列方式。这种转换常常突然发生。暂时性的转化会产生幽默，永久性的转换会产生洞察力。有趣的是，我们对洞察力式的解决方案做出的反应通常是放声大笑，即便解决方案本身并不可笑。

一名男子从摩天大楼楼顶一跃而下。有人听到他在经过三层楼的窗户时喃喃自语："目前为止还不错。"

丘吉尔先生用餐时坐在了阿斯特夫人旁边。阿斯特夫人侧身对他说："丘吉尔先生，如果我嫁给了你，我会在你的咖啡里下毒。"丘吉尔先生侧过身答道："夫人，如果我娶了你，我会喝下这杯毒咖啡。"

有人看到一个警察沿着主街往前走,手里还拉着一段绳子。你知道他为什么要拉段绳子吗?因为……你能"推动"绳子吗?

在上述每个情境中,讲述者都先以某种方式组合信息以制造某种预期,之后再突然打破这一预期。但这种出乎意料的发展,实际上只是换一种方式组合信息。

幽默和洞察力是信息处理系统的两大特征,这两种过程都很难刻意激发。

系统缺陷

前文已经介绍过预设模式信息系统的优点。这些优点基本体现在快速识别、快速反应上:只有能迅速辨别出寻找的目标,才能高效探索周围环境。当然,这一系统的缺陷也同样明显。大脑信息处理系统的部分缺陷总结如下:

1. 因为模式会控制注意力,所以一旦形成就会越来越固化。

2. 模式一旦形成,就极其难以改变。

3. 被组合到某一种模式中的信息难以用在另一种不同的模式中。

4. 中心化趋向,即类似标准模式的模式会被认为就是标准模式。

5. 可以通过分割形成某种模式,但分割在一定程度上是随机的。一个连续整体可以被分为独立的单元,这些独立的单元随着发展渐行渐远，它们会自我延续。也就是说，这种分割即便失去效用也仍会延续，还可能进入无法发挥效用的领域造成干扰。

如图1-5所示，我们会习惯性地将正方形分割成方块，如（a）图所示，但方块很难用于（b）图。

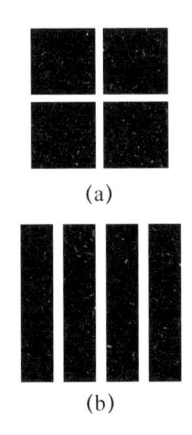

图1-5 分割和模式的形成

6. 系统有明显的连续性。在某个节点略微发散就会造成明显差异。

7. 信息到达的顺序很大程度上影响了排列方式。因此，任何信息排列方式都很难代表现有信息的最佳排列方式。

8. 我们倾向于从一种模式突然切换到另一种模式，中间缺乏平稳过渡的过程。这就好比有两个稳定位置的墨水瓶，如图1-6所示。随着从一种稳定模式转换到另一种稳定模式，变化就突然发生了。

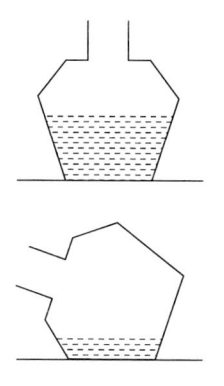

图1-6 模式的突然切换

9. 两种竞争模式差别再细微，人们选择一种模式时也会彻底忽略另一种模式。

10. 人们带有明显的两极化趋向，即走向某一个极端，而不是在两个极端之间寻找某个平衡点。

11. 模式一旦形成就会不断放大。意思是说，单个模式串联在一起，会形成越来越长的序列，这一序列如此强大，它自己就构成了一种模式。系统中没有任何元素能打破这个长长的序列。

12. 大脑是一个制造陈旧观念并应用陈旧观念的系统。

水平思考提供了重构洞察力、摆脱陈旧模式、重新组合信息的方法，以打破上述局限。为实现这一目标，水平思考会利用这种系统自身的特征。比如，随机刺激只对自我效能最大化系统才有效，而颠覆和激发只在重新组合信息以形成新模式时才管用。

总　结

大脑以其特有的方式处理信息，该方式效率很高，并且有巨大的实用优势，但也有局限，局限性主要体现在大脑擅长建立概念模式，却不擅长重构模式以便及时更新模式。正因为存在这些固有局限，我们才需要水平思考。

2. 水平思考与垂直思考的不同

鉴于大多数人都认为传统的垂直思考是唯一可行的高效思考方式，我们有必要通过对比水平思考与垂直思考的差异，来体现水平思考的性质。后文列举的都是最突出的差异点。有些可能会冒犯读者，因为垂直思考已经成了我们根深蒂固的习惯；有些看起来似乎只是为了对立而对立。但在大脑这个自我效能最大化系统的行为背景下，水平思考有意义，也有必要。

垂直思考是选择性的，而水平思考是创造性的。

垂直思考关注的是正确性，而水平思考关注的是丰富性。垂直思考通过排除其他道路的方式选定一条道路，而水平思考的目的不是选择，而是开辟其他道路。垂直思考要选出最有希望解决问题的方案或看待问题的最佳方式，水平思考则要最大限度地创造出备选方案。垂直思考是在不同方式中找出一个有希望的方案便停止，而水平思考时，即便已经找出一个有希望的方案，也还要继续生成新方案。垂直思考力求选出最佳方案，而水平思考则以生成不同方案为终极目标，如图2-1所示。

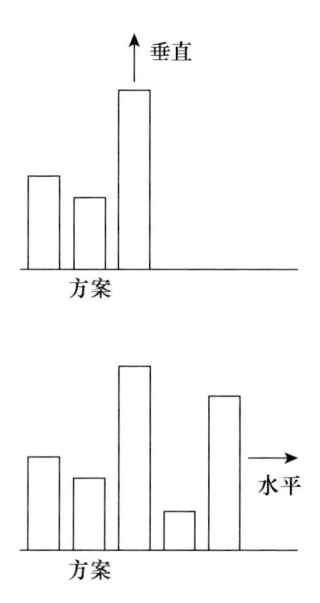

图2-1　垂直思考与水平思考的不同

垂直思考是有了行动方向再行动，水平思考是先行动再找方向。

2. 水平思考与垂直思考的不同

垂直思考方向明确，就是为了努力解决问题。垂直思考会使用明确的方法或明确的技巧，而水平思考时，行动只是为了动起来。

水平思考者可能在朝某个方向行进，也可能是背离某个方向，渐行渐远，重要的是行动或变化本身。水平思考者行动的目的不是追寻既定方向，而是创造新方向。垂直思考的实验设计目的是展示效果，而水平思考的实验设计目的则是改变观念。垂直思考必须永远奔向某个方向，而水平思考则是漫无目的或毫无方向地四处玩乐，无论是对实验、模型、标注，还是对观点，都抱着闲散甚至戏谑的态度。

水平思考过程中的行动、改变，都不是最终目的，最终目的是通过水平思考的过程调整大脑中的模式。行动和改变一旦发生，大脑的最大化属性就会确保有效事件发生。垂直思考者会说："我知道自己在找什么。"而水平思考者会说："我虽然在寻找，但并不知道自己在找什么，找到了才知道。"

垂直思考是分析性的，水平思考是启发性的。

一名学员得出了"尤利西斯是个伪君子"的结论。人们对这一结论可能有三种不同的态度：

- "你错了，尤利西斯并不是伪君子。"
- "有意思，讲讲你是怎么得出这个结论的。"
- "很好。接下来呢？你从这个观点出发，会得出什么样的结论?"

要利用水平思考的启发性特征,首先要利用垂直思考的选择性特征。

垂直思考是连续的,水平思考可以跳跃。

垂直思考时,一次只能前进一步。每一步都由前一步直接推导而来,两者联系紧密。一旦得出结论,结论的正确性可由推导步骤的正确性证明。

水平思考不必按顺序走,可以直接跳到新起点,之后再填补间隙。如图2-2所示,垂直思考按照固定路线,从A推进到B、C,再到D。但水平思考则可以通过G直接到达D,然后再反推回A。

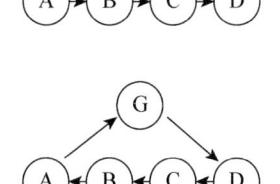

图2-2 垂直思考的连续性和水平思考的跳跃性

如果直接跳到解决方案,则解决方案本身的正确性显然无法靠推导过程的正确性来证明。但解决方案本身的合理性并不依赖于推导路径。这和试错法是一个道理。即便尝试并没有合理的理由,但成功的尝试仍然是合理的。还可能出现这样的情况:到达某一点后就能建立完整的逻辑路径推回出发点。这种路径一旦建立,从哪个终点回溯就变得不再重要,除非这个终点本身是错误的。有时只有站在山顶上,才能发现最好的登山路线。

垂直思考要求每一步都正确,而水平思考没有这一要求。

垂直思考的根本在于每一步都必须正确,这是由垂直思考的本质所决定的。没有这一必要条件,逻辑思考和数学将不复存在。但水平思考并不要求每一步都正确,结论正确就够了。这就像修桥一样,不需要桥梁组件在每个阶段都能承受自身重量,只要最后一个组件安装就位后整个桥梁能承受自重就行,如图2-3所示。

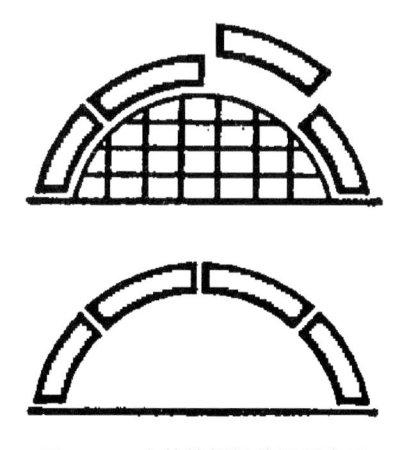

图 2-3 完整的桥梁能承受自重

垂直思考用否定来排除某些路径,而水平思考不存在否定。

我们有时必须先错后对。比如,对比当前的参考框架,我们可能是错的，但换个参考框架就是对的。即使参考框架没有变化，先穿过错误区域，到达能看到正确路径的位置，有时也是必要的，如图 2-4 所示。虽然最终的路径中我们不会穿过错误区域，但穿行这一区域有助于我们发现正确路径。

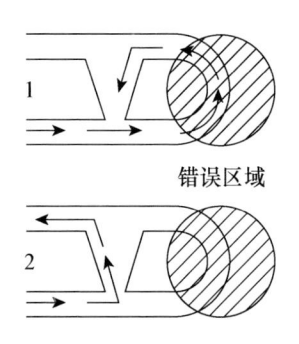

图 2-4 水平思考不存在否定

垂直思考要求专注，排除一切无关信息，水平思考则欢迎各种随机干扰。

垂直思考通过排除来选择，先圈定一个参考框架，再剔除一切无关信息。而水平思考则认为模式无法从内部重建，必须依靠外部影响来打破。所以说水平思考者认可外部影响的启发作用。这些影响越不相干，推翻既有模式的可能性就越大。一味地专注于相关事物相当于是在维系现有模式。

垂直思考中的分类和标签是固定的，水平思考则不然。

垂直思考中，分类和标签只有保持不变才能发挥作用，因为垂直思考的基础就是将某物归属到某一门类或从某一门类剔除。一旦被赋予某个标签或划归到某个门类，就不会再有变化。而水平思考中，标签是可以改变的，因为看待事情的方式可能会发生变化。分类和类型并不是用来帮助鉴别身份的固定分类架，而是帮助行动的指示牌。水平思考中，标签并不是永久的，贴标签只是为一时方便。图2-5表示了垂直思考和水平思考在分类和标签方面的差异。

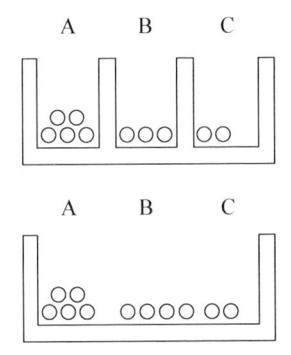

图2-5　垂直思考和水平思考在分类和标签方面的差异

垂直思考很大程度上依赖于严格定义，就好比数学依赖于符号含义，一旦确定就必须保持不变。而在水平思考中，含义发生变化有助于启发思考，就好比语义突然转变会带来幽默一样。

> 垂直思考走的是最有可能的路，水平思考走的是最不可能的路。

水平思考故意不走寻常路。水平思考者试图发掘最不显眼的方法，而不是可能性最大的方法。他们这种摸索最不可能路线的意愿非常重要，因为这样做除了自身意愿外往往找不到任何其他理由。即便站在入口看不到任何向前摸索的价值，这条路仍然可能通向有价值的终点。垂直思考者则是沿着宽阔明朗的道路朝着正确的方向前进。

　　垂直思考的过程是确定的，水平思考的过程是概率性的。

　　垂直思考一定会得出答案。比如，我们使用数学方法解题时肯定会得出答案。水平思考也许不能得出任何答案，只能为我们提供重构模式、发现有洞察力的解决方案的可能性，这两个目标最终不一定会实现。垂直思考至少能保证找到最小化解决方案，而水平思考虽然能提高找到最大化解决方案的概率，但没有任何保证。

　　一个袋子里有多个黑球和一个白球，从袋子中拿出白球的概率很低。如果一直往袋子里倒入白球，拿出白球的概率就会持续上升。但无论怎样也无法保证拿出来的一定是白球。水平思考能提升实现洞察力重构的概率，而且思考者越擅长使用水平思考方法，洞察力重构的概率就越大。水平思考的过程就好比不断将白球放到袋子里，但无论怎样，结果仍然是概率性的。但形成新观点以及对旧观点进行洞察力重构有很多好处，所以水平思考值得尝试，再说这种尝试不会带来任何损失。因此，垂直思考碰壁时不妨使用水平思考，即便成功的概率很小。

2. 水平思考与垂直思考的不同

总　结

水平思考和垂直思考之间的差异是根本性的，两种思考过程是截然不同的。但这并不意味着一个过程比另一个过程更好，因为两种过程都是必要的。关键是要能认识到两者之间的不同，进而高效地运用两种思考过程。

垂直思考利用信息本身来寻找解决方案。水平思考不局限于信息本身，而是利用信息来启迪想法，进而重建模式。

3. 对水平思考的态度

水平思考与垂直思考差别很大，因此让很多人不安。他们更愿意接受水平思考只是垂直思考的一个组成部分，或者水平思考根本不存在。下文列出了一些人们对水平思考较常见的态度。

虽然人们普遍认识到了洞见式解决方案的效果，新想法的价值也备受认可，但没有任何实用的方法来获得这两者。人们只能等着，等着洞见式解决方案和新想法出现，然后发现和认出它们。

这种消极的态度既没有考虑洞察力机制，也没有考虑被困在陈旧模式中的信息。洞察力的形成靠的是通过启发性的刺激改变模式次序，而水平思考恰恰能提供这种刺激。一旦模式被打破，被束缚于陈旧模式中的信息通常能自动地以全新的方式组合在一起。水平思考的意义，就是通过挑战陈旧模式来解放信息。将洞察力和创新视作偶然事件无法解释为什么有些人的想法总比其他人多。无论在何种情况下，人们都能够通过具体步骤激发偶然过程。此外，实验也证明了水平思考对形成新想法的作用。

任何通过水平思考得出的解决方案，总能通过逻辑路径推导出来。所以说水平思考只不过是对逻辑思考的升华。

人们永远无法判断某个具体的解决方案来自水平思考还是垂直思考。水平思考描述的是过程而不是结果。由垂直思考推导出来的某个解决方案，不一定不是由水平思考得出的。

某个解决方案能被接受，肯定有能被接受的逻辑依据。人们总能在解决方案摆在眼前时后知后觉地推演出逻辑路线。但一开始就借由这一后知路线推导出解决方案则是另一回事。这一点很容易证明。有很多问题看似棘手，但一经解决，答案往往是显而易见的。在这种情况下，我们无法认为使问题变难是因为缺少必要的基础逻辑。

洞见式解决方案和新想法一经发现就会变得显而易见，这是由

3. 对水平思考的态度

它们本身的特征决定的。这种现象说明，逻辑在实践中并没有得到充分应用，否则这些简单的解决方案早就被发现了。从绝对意义上讲，我们显然无法证明后知后觉的逻辑路线一开始不会被采用（除非用大脑处理信息的机制来解释）。但从实践意义上讲，事后能被证明的逻辑路线不一定能被正向推导出来，这也是显而易见的。

> 既然所有能产生效果的思考实际上都是逻辑思考，那么水平思考也只不过是逻辑思考的组成部分。

这种反对意见看起来不过是文字游戏。水平思考被视作独立于逻辑思考还是从属于逻辑思考都不重要，重要的是要理解水平思考的真实本质。如果将逻辑思考和有效的思考画等号，那么水平思考显然包括在逻辑思考之中。但如果将逻辑思考定义为由一系列顺序固定的步骤（且每个步骤都必须正确）组成，那么水平思考显然不属于逻辑思考。

如果将大脑的信息处理行为考虑进去，这种态度就不只是文字游戏。因为就这种行为本身而言，跳脱逻辑的桎梏是有逻辑的，挣脱理性的束缚也是合理的。如果不是这样，我就不会专门针对这一主题写本书了。但我们这里使用的逻辑是从"能产生效果"的角度定义的，不等同于我们熟知的操作过程。

实际上，将水平思考划归到逻辑思考中只能模糊对两者的区分，导致无法利用这种必要区分来解决问题。

> 水平思考等同于归纳推理。

这一主张的根据是对演绎推理和归纳推理的区分，假设区别于演绎推理的任何事物一定等同于同样区别于演绎推理的任何其他事物。归纳推理和水平思考确有相似之处，体现在两者通常都从框架外部而不是从框架内部入手。但即便如此，水平思考也有可能从框架内部出发，通过逆向、扭曲、质疑、颠倒等方式达到重建模式的目的。归纳推理本质上是遵循理性的：和演绎思考一样，归纳思考也尽可能追求正确。但水平思考可能是有意地、自发地打破理性束缚，以启发新模式。无论是归纳推理还是演绎推理，关注的都是生成概念，而水平思考则关注打破概念，通过启迪和破坏刺激大脑重建模式。

> 水平思考并不是刻意的思考过程，而是有人有、有人没有的天赋。

有人更擅长水平思考，就好像有人更擅长数学一样。但这并不意味着水平思考过程是无法通过学习来获得和运用的。研究人员已经成功证明，人们可以借助水平思考生成更多想法。而天赋，顾名思义，是无法传授的。水平思考本身并无神秘之处，它只是一种处理信息的方式而已。

3. 对水平思考的态度

水平思考和垂直思考相辅相成。

有些人之所以对水平思考怀有敌意，是因为他们认为水平思考威胁到垂直思考的合理性。但事实并非如此。两个过程实际上是互补的，而不是对立的。水平思考有助于想法和方案的生成，而垂直思考则有助于想法和方案的深化。水平思考能为垂直思考提供更多选择，进而提升垂直思考的效果。而垂直思考则能充分利用生成的想法，进而显著提高水平思考的效果。

人们大多数时间内可能都在进行垂直思考。但在需要水平思考的情况下，垂直思考即便优点再多也无法取而代之。明明应该使用水平思考却坚持只使用垂直思考，后果可能很严重。所以说，两种思考方式的技巧都要掌握。

水平思考就好比汽车的倒车挡，没有任何一位司机开车时会一直挂倒车挡，但车里还是要安装倒车挡，司机也要知道如何使用倒车挡，才能自如地操纵汽车，才能从死胡同中退出来。

4. 水平思考的本质

在第2章中,通过对水平思考和垂直思考的比较,我从侧面向读者介绍了水平思考的性质。本章则专门介绍水平思考的基本性质。

水平思考的关注点是改变模式。

模式指的是大脑这一记忆表层对信息的排列方式。模式是可重复的神经活动序列。我们没必要将这个概念定义得过于僵硬。实践中,模式包括任何可重复的概念、想法、思路、图像;模式也可以指概念和观点的可重复的时间序列;模式还可以指其他模式的排列,这些模式共同构成了解决问题的办法及看待事物的视角和方式。模式没有大小上的限制。唯一的要求就是模式必须是可重复的、可识别的、可应用的。

水平思考就是改变模式。垂直思考是选择模式，然后深化模式，而水平思考则尝试以不同方式组合事物，进而重建模式。因为在自我效能最大化系统中，信息到达的顺序从很大程度上决定了信息排列的方式，所以要通过某种形式的模式重建才能充分地利用禁锢在旧有模式中的信息。

> 在大脑这个自我效能最大化系统中，信息排列永远达不到可行条件下的最佳排列方式。

将信息重新编排为一种新的模式，这个过程就是洞察力重构。信息重新编排的目的是发现更好、更有效的模式。

我们看待事物的方式是逐渐发展而来的。在历史上某一时期特别有用的一种观点，在今天可能失去了效用。但这不妨碍我们从陈旧而过时的观点中直接孕育出符合当下情况的观点。一种模式的发展可能会因循某种特定的轨迹，因为它是因其他两种模式的结合发展而来的，但如果从一开始就已知所有信息，这种模式可能就会大不相同了。一种模式可能因为仍然有用或者适应当前情况而被保留下来，但如果对这一模式进行重构，可能会产生更好的模式。

在图 4-1 中，两个图形先组合为一个图案，再直接和另一个相似的图形组合为另一个图案。即便不添加任何新图形,现有图形也可以直接重组为更好的图案。如果一开始就有四块图形,最终图案可能就是这个更好的图案。图形出现的顺序导致最终组合而成的图案是另一个样子。

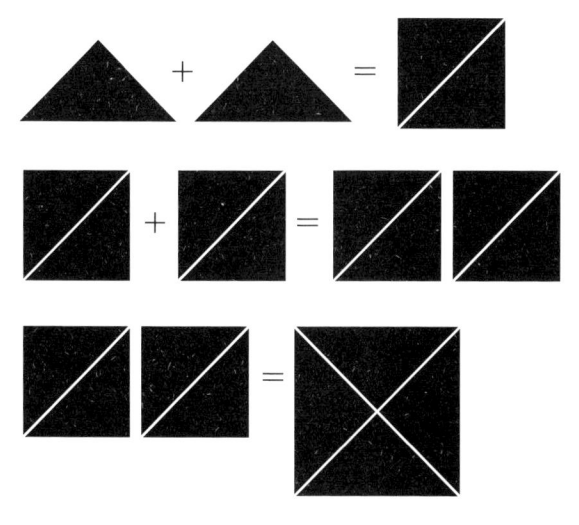

图 4-1　图形出现的顺序产生的影响

水平思考是一种态度,也是一种使用信息的方式。

水平思考的态度是,看待事物的任何方式都是有用的,没有唯一的或绝对的方式。也就是说,水平思考者认可某个模式的效果,但只将其视作信息组合的一种方式,而不是必然方式。这种态度颠覆了当下最热门的模式就是唯一可行模式的假设。另外,这种态度还缓和了僵化思想和教条主义的狂妄态度。水平思考态度首先拒绝接受僵化模式，其次尝试以不同方式将信息重新组合。水平思考者总是努力想出新的方案并重构模式。但水平思考并不宣判现有模式是不正确的或不合适的。水平思考永远不进行判决。水平思考者即便对现有模式很满意，也还是会不断尝试想出其他模式。对水平思考而言，某个模式唯一可能存在的问题，就是盲目拥护这一模式的人所表现出的狂妄与刻板的态度。

水平思考不仅是一种态度，而且代表利用信息实现模式重构的具体方式。水平思考有些技巧是可以刻意应用的，我们将在后续章节讨论。技巧的背后实际上是通用原则。水平思考者使用信息不是为了信息本身，而是为了信息的效果。这种使用信息的方式是前瞻式的，而不是回顾式的：水平思考者感兴趣的不是使用某一信息的原因和道理，而是使用信息能产生的效果。垂直思考将信息组合成某种结构、桥梁或路径，信息本身是发展路线的一部分。而在水平思考中，我们使用信息来改变结构，而不是让信息成为结构的一部分。

我们可以用大头针把两张纸固定在一起，也可以用大头针扎人，让对方吓一跳。水平思考的目的不是追求稳定，而是启发和颠覆。只有这样才能实现模式重构。遵循现有模式的发展路线是不能重建新模式的，所以水平思考故意不走寻常路。同样的原因，水平思考中会使用不相关的信息，会推迟得出结论，会让一个想法不断深化，而不是急于宣判想法错误，彻底地将其拒之门外。

　　水平思考与大脑的信息处理活动直接相关。

　　水平思考的必要性是由大脑自我效能最大化的记忆系统的内在局限所决定的。大脑系统的功能是先创建模式再维系模式，没有相应的机制来改变模式与更新模式。水平思考就是尝试启动这种重构洞察力的功能。

　　大脑的信息处理行为不仅决定了水平思考的必要性，也决定了水平思考的有效性。水平思考以启发性的方式利用信息，这种思考方式能打破旧模式，进而解放信息。水平思考将看似不可能的信息组合在一起，以刺激新模式的诞生。所有这些行为都能对大脑自我效能最大化的记忆系统产生积极影响，刺激大脑系统将信息整理成新模式。如果没有大脑系统的这一行为，水平思考就只是单纯地在颠覆，没有任何意义。

5. 水平思考的应用

人们一旦具备了水平思考态度，就会自发地根据需要应用水平思考。

本书自始至终都在强调水平思考和垂直思考的不同之处。这样处理是为了避免读者将两者混为一谈，也是为了确保读者在习得某些水平思考技能的同时不必牺牲自己的垂直思考技能。读者在熟练掌握水平思考后就不必再区分两种思考方式，也不必再刻意注意自己是在应用水平思考还是垂直思考了。两者可以结合起来用，可以在这一刻使用垂直思考，在下一刻用水平思考。但有些情况下还是需要刻意运用水平思考。

新想法

我们虽然对新想法的降临心怀感激，但大多数时间里并不会意识到开创新想法的必要性。我们之所以不去尝试开创新想法，是因为不确定刻意的尝试能否成功。新想法总是有用的，而且有时候我们也能迫切地感受到开创新想法的必要性。有些工作甚至需要源源不断地产生新想法，如研究、设计、建筑、工程和广告等行业。

刻意去生成新想法往往并不简单。垂直思考在这方面效果不大，否则我们不仅能很容易地产生新想法，而且能编写计算机程序让程序自动批量生产新想法。对于新想法，我们可以等待机会降临或灵光闪现，也可以祈祷自己拥有天赋异禀的创造力。而水平思考，则是一种有意识地促使新想法诞生的方式。

很多人认为新想法指的就是机械新发明。这可能是新想法最明显的表现形式，但实际上新想法还包括做事的新方式、看待事物的新方式、组织事物的新方式、呈现事物的新方式，以及有关思想的新想法。从广告到工程设计，从艺术到数学，从烹饪到运动，处处都需要新想法。这种需求不必是普遍的信号，可能会因个人喜好而很具体。我们实际上可以通过具体行动来生成新想法。

问题解决

我们可能原本没有任何开创新想法的动机,但面对从天而降的问题,我们别无选择,只能努力地解决问题。问题不一定以常见形式出现,也不一定是拿着纸笔算算就能找到答案的。问题可能只是现有状态和个人希望之间的差距,可能表现为规避某事物、获得某事物、摒弃某事物、了解自己的需求等。

问题可以分为三类:

1. 要解决第一类问题,我们需要更多信息或更好的信息处理技巧。

2. 要解决第二类问题,我们不需要新信息,但需要重新排列现有信息,即洞察力重构。

3. 第三类问题是没有发现问题,人们被现有方案蒙蔽了双眼,不去追寻明显更优秀的解决方案。他们之所以不会集中精力寻找更好的方案,是因为他们并没有意识到还存在更好的方案。所以他们真正要面对的问题是意识到问题的存在,要意识到事情仍有改善的空间。而形成这种意识,就是他们要解决的问题。

第一类问题可以通过垂直思考解决,第二类和第三类问题则需要依靠水平思考解决。

处理感性选择

逻辑思考和数学都是第二阶段的信息处理技术，只能等第一阶段结束后才能应用。在第一阶段，信息通过人的感性选择过程打包，这样第二阶段就可以进行高效的处理。每个包中装入什么信息，是由感性选择决定的。感性选择是大脑自然的模式创建行为。但人们也可能不接受由感性选择直接提供的信息包，不愿意直接对这些信息包进行逻辑或数学处理，而是希望进行有意识的处理。要达到这一目的，就必须使用水平思考。

定期再评估

定期再评估的意思是重新审视被广泛接受的观点、看似毋庸置疑的观点。再评估还意味着质疑所有假设。定期再评估并不是因为有再评估的需求，这种需求可能并不存在。再评估可能只是因为评估的对象存在而且很长时间都没有经历评估了。这种以崭新方式重新看待事物的尝试是刻意的、没有任何理由的。

避免过于苛刻的划分与两极化

也许水平思考者最需要培养的思维方式，是不再刻意地使用水平思考，而将其发展为一种思考的态度。大脑会对研究对象进行过于苛刻的划分和两极化处理，而水平思考态度有助于避免因此而出现的问题。虽然大脑创建的模式确实是有效的，但同时也可以运用水平思考来对抗狂妄态度与僵化思想。

6. 技巧

前面几章介绍了水平思考的性质和应用。从头到尾地读完，读者会对水平思考到底是什么有清晰的认识。但最常见的结局是，读者虽然在阅读过程中理解并接受了书中内容，但很快就会忘得只剩下一个模糊的印象。这种结果完全在意料之中，因为观点原本就是抽象的存在。即便读者在脑海中对水平思考的性质形成了清晰的认识，要在不结合具体实践的情况下将这些观点传递下去也是非常困难的。

点头认可水平思考的价值没有多大意义，我们需要的是培养水平思考的实际应用技能，而这些技能的培养必须建立在充分练习的基础上。通常情况下，我们总在等待正式的有组织的练习活动，但实际上本不该如此。后续章节罗列了一些技巧，为练习水平思考提供了正式机会。有些技巧看起来带有更明显的水平思考特征，还有些技巧看起来就是我们惯常的做法——至少我是这样认为的。

每种技巧的背后都是以水平思考的方式应用信息的基本原则，但我们没必要过分强调这些原则，也没必要将这些原则摆到桌面上讲。

介绍这些正式技巧的目的是提供实际应用水平思考的机会，帮助读者逐渐养成水平思考的习惯。这些技巧并不是正式流程，学习过程中不需要按原样照搬，学完后也不需要刻意使用。但读者在熟练掌握水平思考之前可以照搬这些正式技巧来指导自己的水平思考活动。

后面每章都分为两部分：第一部分介绍技巧的性质和目的，第二部分针对该技巧在一些场景下的实际应用提供建议。书中材料仅用于告诉大家可以收集什么类型的材料。本书一开始就专门讨论了进一步材料的收集和练习环节处理方面的问题。

7. 生成多种方案

水平思考最基本的原则是"任何看待事物的方式都只是众多可行方式中的一种"。水平思考的目的就是通过重新构建及重新编排现有信息来探讨看待事物的其他方式。"水平"这个词说明,为了生成其他模式,我们的思考方向应该向侧面发散,而不是抱着深化某一具体模式的目的一路纵深向前。图7-1体现了水平思考和垂直思考两者之间的差别。

寻找看待事物的其他方式看起来像一种自然行为,很多人都觉得自己平常也是这么做的,从某种程度上来讲确实如此,但沿水平

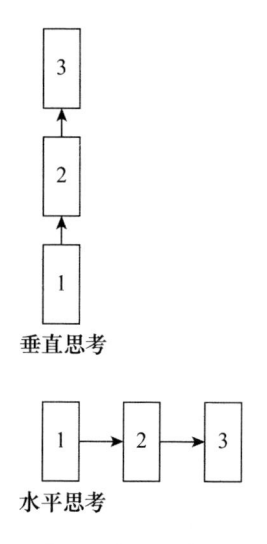

图 7-1　水平思考和垂直思考的差别

方向寻找其他方式绝对不仅仅是一种自然行为。

自然寻找其他方案时，我们寻找的对象是可行条件下的最佳方案；而水平寻找其他方案时，我们会尽可能多地找出一些不同的方案，也就是说我们寻找的对象不是最佳方案，而是可行条件下最多样的方案。

自然寻找其他方案时，我们找到一个有希望解决问题的方案就会停下来。而水平寻找其他方案时，即便找到某个有希望的方案，最终可能就采用这一方案，但我们还是会继续发掘更多的新方案。

自然寻找其他方案时，我们只考虑合理的方案。而水平寻找时，我们不会局限于合理方案。

7. 生成多种方案

自然寻找其他方案通常只是一种意愿，而不是事实。而水平寻找则是一种刻意的自发行为。

两者的主要区别体现在寻找其他方案的目的上。自然倾向下，寻找的目的是发现最好的方案。而水平思考中，寻找的目的是解放刻板模式，启发新模式诞生。在寻找其他方案的过程中可能会发生几种情形，如图7-2所示。

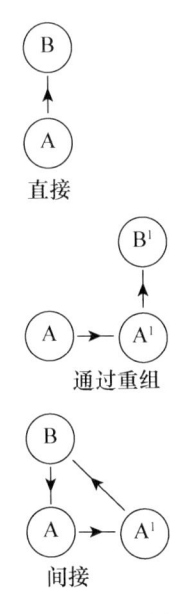

图7-2 寻找更多的备选方案

你可能会在得到几种不同的方案后，又回到最初最显而易见的那种方案。可能你得到的某种方案会是一个有用的起点。可能某种方案其实就能解决问题，不需要再付出更多的努力了。

生成的备选方案有助于重新编排信息，进而间接地解决问题。

在特定情形下，寻找其他方案的过程可能最终被证明只是在浪费时间。但即便如此，这些尝试也同样有利于培养寻找其他方案而不是盲目接受最明显方案的好习惯。

寻找其他方案绝不会阻碍我们使用最明显的方案。寻找过程只是在推迟使用最可行方案，为最可行方案提供一系列备选方案，这不会分散我们对最可行方案的关注。实际上，寻找过程反而会提升最可行方案的价值。因为我们最终选择这一方案，不是因为它是摆在面前的唯一方案，而是因为我们经过与众多其他可行方案的对比，发现它是最佳方案。

定　额

想要将寻找更多备选方案的行为从良好的意愿转变为实践中的必要流程，可以依靠设置定额的方法。定额指的是要求自己以一定数量的不同方案来审视形势。事先设置定额的好处在于它能鞭策我们不断生成不同方案，直到达到定额为止。也就是说，即便在寻找过程中早早发现某个很有希望的解决方案，我们在认可这一方案价值的同时还是会继续寻找其他方案，不因现有方案的获得而停止不前。设置定额的另一个好处是我们会有意识地努力发现或生成其他方案，而不是简单地等待它们自然降临。我们会为达到定额而

7. 生成多种方案

不断努力，即使生成的其他方案看起来并不实际甚至有些荒唐，我们也不会停止思考。将定额设定为三个、四个或五个，都是合适的。

设置定额不会阻止我们寻找更多其他方案，但能确保我们至少达到最低要求。

练 习

几何图形

可视化图形的好处在于材料的表现形态是明确的。一个人如何解读眼前的材料并不会影响材料本身，材料依然保持不变。而语音材料则做不到这一点，因为任何语调、重音及含义上的细微差别都会赋予材料鲜明的个人色彩，这种个人色彩并不是所有人都能体会到的。

几何图形的好处在于，它们是标准化的图形，使用简单的词语就能描述出来。也就是说，一个人可以轻松地从一种描述跳到另一种描述，可以很容易地描述观看图形的角度，如图7-3所示。

老师一开始先用几何图形举例，说明生成不同方案具体是什么意思。等学员有了清晰的认识后，老师也可以引入更实际的例子。

图形

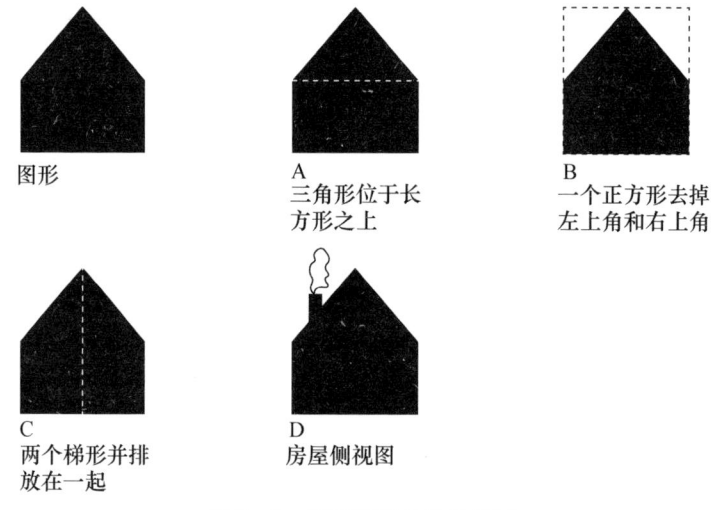

A 三角形位于长方形之上

B 一个正方形去掉左上角和右上角

C 两个梯形并排放在一起

D 房屋侧视图

图 7-3 图形观看角度的描述

实践中,老师可以采取以下处理方式:

1. 在黑板上向全体学员展示图形,或者将图形印在纸上,分发给每个学员。

2. 要求学员以不同方式描述图形。

3. 老师可以将学员写在纸上的答案收上来,也可以不收,具体取决于上课人数及时间的充裕程度。

4. (a) 不收上来。老师请举手想发言的学员描述图形。如果没人举手,可以随机找个学员来描述图形,之后再请其他学员说出不同见解。将其他描述罗列出来。

(b) 收上来。老师不需要翻阅每一份答案,挑出一两份读出来就足够了。接下来,老师可以要求学员分享不同观点,或者从书面答案中挑出不同描述。

如果时间充裕,老师还可以在翻阅所有书面答案后针对不同描述方式整理出一份柱状图,如图7-4所示,并和学员分享。

```
类型    各类描述的数量
A    ▭▭▭▭▭▭▭▭▭▭▭  11
B    ▭▭▭▭▭▭▭▭  8
C    ▭▭  2
D    ▭▭▭▭▭▭▭▭▭▭▭▭  12
```

图7-4 各种方案统计柱状图

5. 老师的作用是鼓励并接受不同观点,而不是大肆批判。如果某种不同意见看起来有些离谱,老师不应该指责学员,而是应该给学员充分解释的机会。如果这名学员无法说服其他人接受自己的观点,老师最好将这名学员的观点写在名单的最下面,但无论如何都不要驳回任何观点。

6. 如果学员在生成不同观点的过程中遇到了瓶颈,老师应该分享自己事先准备的几种观点。

材料1

你会如何描述图7-5中的图形?

不同观点

两个圆由一条直线连接。

一条直线的两端各有一个圆。

有两个各带一条小尾巴的圆,摆放时保证两条尾巴在一条直线上,并连接在一起。

一个沟槽倒扣在另一个上面。

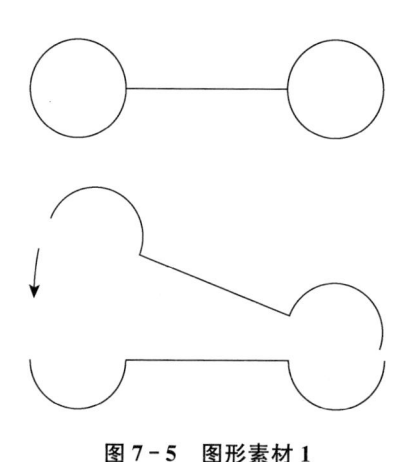

图 7-5 图形素材 1

评语

有人可能质疑"两个圆由一条直线连接"与"一条直线的两端各有一个圆"这两种说法是一样的,但事实并非如此,因为前者的关注点一开始落在圆上,而后者的则落在直线上。从大脑活动的角度讲,关注的顺序至关重要,关注顺序不同也构成不同观点。

有些描述可能是静态的,借助所示图形就足以解释清楚;而有些描述可能是动态的,要借助更多图示才能看清楚。

如果某图被视为其他图形排列完毕的最终状态,就需要更多图示来表现。

7. 生成多种方案

材料 2

你会如何描述图 7-6 中的图形?

不同观点

L 形。

木匠的角尺。

倒置的吊架。

只剩下一半的镜框。

两个长方形紧靠在一起。

一个大长方形挖去一个小长方形。

图 7-6 图形素材 2

评语

将眼前的图形描述为"木匠用的角尺"等实物可能会有些麻烦。麻烦在于,这种描述会开启无穷无尽的描述方式。比如,图形也可以被描述为一栋建筑的俯瞰图。我们要明确认识到，题目的要求是以不同的方式描述现有图形，不是问图形可能是什么物体，也不是问图形让你联想到什么。你必须能让听者根据你所做的描述把图形画出来。因此，"图形看起来像一栋建筑的俯瞰图"这种说法是没有任何意义的，除非事先指明建筑本身是 L 形的，但这和图形是"L形"的描述也就没有区别了。我们不要求描述高度精确，比如，"两个长方形紧靠在一起"的表述一般应该交代方向，但我们没必要咬文嚼字，因为这样会弄错重点。

有些描述会表明具体的过程。比如，"两个长方形紧靠在一起"或"一个大长方形挖去一个小长方形"这样的描述实际上要求听者先联想到其他图形，然后在其他图形的基础上删减或改动。这种描述方法显然合理，基本描述类型包括：

- 将小单位组合。
- 与另一图形比较。
- 通过增减改变另一图形。

和前述情况一样，这种情况也需要其他图示的辅助来表现要描述的含义。如果老师没理解学员的意思，也可以要求学员做出解释。

材料 3

你会如何描述图 7-7 中的图形？

7. 生成多种方案

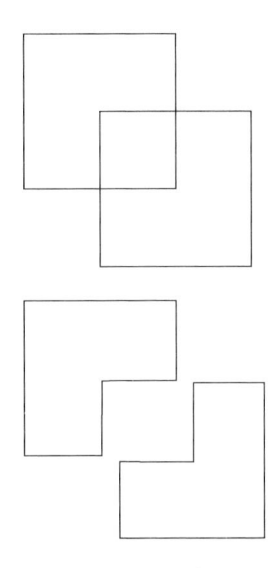

图 7-7 图形素材 3

不同观点

两个部分重合的正方形。

三个正方形。

两个 L 形图形摆在一起，形成一个正方形缺口。

一个正方形一分为二，将分成的两块图形从同一条直线推离开。

评语

"两个部分重合的正方形"是最明显的描述，它的存在让任何其他描述听起来都违反常理，这说明显而易见的模式有着强大的优势地位。有人可能觉得"两个部分重合的正方形"和"三个正方形"的说法是一样的，因为后者可由前者推导而来。但我们要克制这种倾向，因为即便稍稍改变看待事物的方式也常常带来很大不同。我们必须抵制住诱惑，不能仓促地判定一种描述在含义上等同于另一种描述，进而将其归为文字游戏。

有些描述可能会细致到足以全面覆盖所有可能性："两个正方形一角重合，重合部分也是正方形，该正方形的边长为初始正方形边长的一半。"如此全面的描述几乎能让听者精准地画出图形，所以它肯定囊括了各类其他描述。但其他描述必须作为独立描述被接受。从逻辑上讲，可由另一种描述推导而来的描述是多余的。但从认知上讲，即便是同样的描述也可以采用新模式。例如，"三个正方形"的观点也是有意义的，即便这一观点隐含在"两个部分重合的正方形"的描述中。

材料 4

图 7-8（a）中的图案是如何组成的？

不同观点

一个小正方形四周围绕多个大正方形，如图 7-8（b）所示。

一个大正方形的四角上各有一个小正方形，如图 7-8（c）所示。

一排大正方形顺次排列，形成阶梯图案，如图 7-8（d）所示。

由一大一小两个正方形组成一个基本单位，如图 7-8（e）所示。

将小正方形的四边延长，基于这些延长的边画更多小正方形，如图 7-8（f）所示。

将一条直线三等分，过各三等分点画垂线，如图 7-8（g）所示。

7. 生成多种方案

网格图形中以特定方式选出部分小正方形勾勒边框,之后将边框线擦掉并用大正方形填充空间,如图7-8(h)所示。

大正方形紧邻摆放,相邻两正方形有一半边长重合。

两个重叠线条图案,一个图案与另一个图案呈直角。

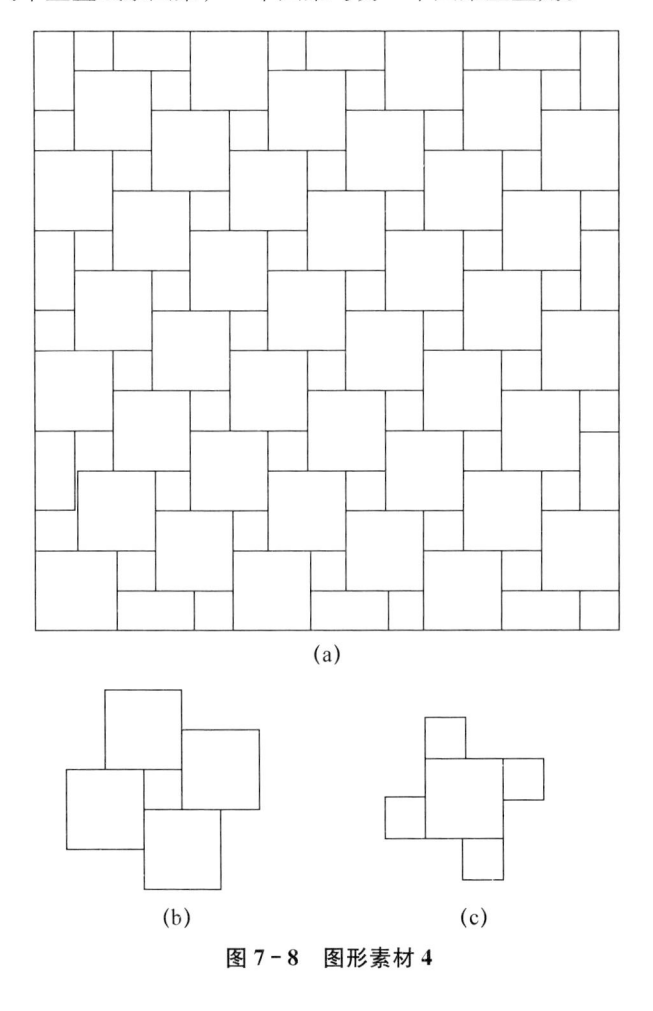

(a)

(b)　　　　　　(c)

图7-8　图形素材4

水平思考

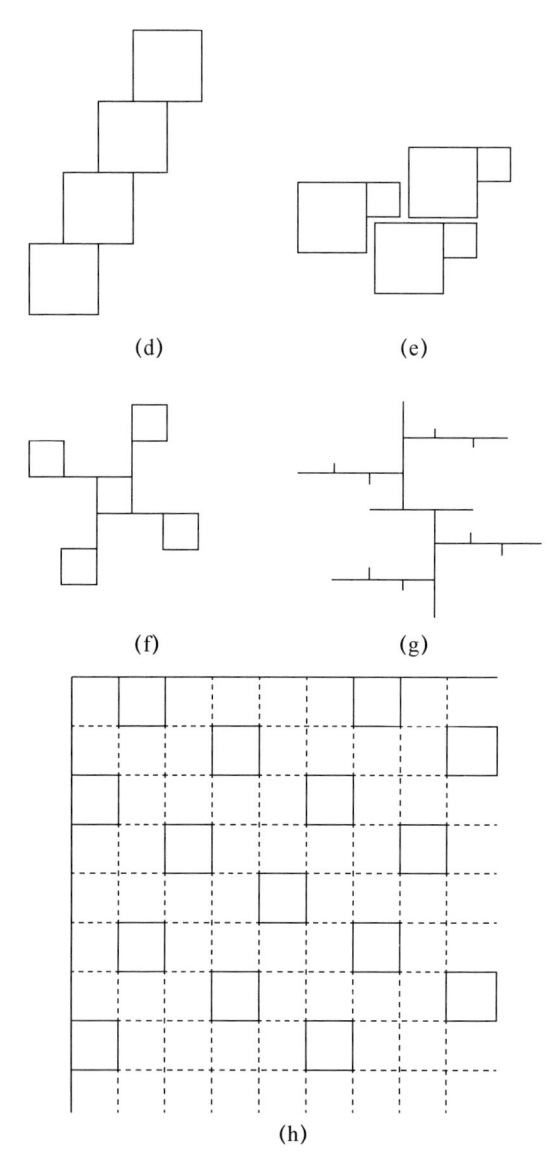

(d)

(e)

(f)

(g)

(h)

图 7-8　图形素材 4（续）

评语

除了上述描述外可能还有很多其他描述方式。但描述必须是有效的,必须能清晰地表明观察图案的角度。我们要重点关注的是解构图案的不同方式,着眼点可以是大正方形、小正方形、大正方形和小正方形、直线、空间及网格图案。

本书收录的例子都要求对所示图案给出不同描述。我们也可以从看待事物的不同方式出发,延伸到处理事情的不同方式。这种转换实际上很难,因为描述只涉及选择现有信息,而事情的处理还牵扯到补充其他信息。

材料 5

如何将一个正方形四等分?(这个练习最好让每个学员都动笔画出不同分割方式,而不是仅仅看着黑板思考。练习结束后,老师可以将学员草稿纸收上来,分析结果,也可以将草稿纸留给学员勾选出不同方法)。

不同观点

如图 7-9 所示。

纵向等分。

分成四个小正方形。

沿对角线切分。

先将正方形分为十六个小正方形,再组合成"卍"字形或 L 形。

其他形状。

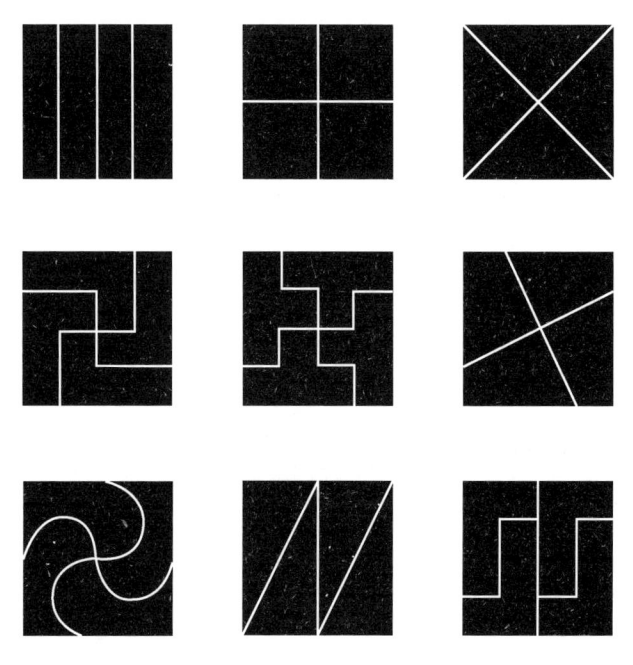

图 7-9　图形素材 5

评语

很多学员一开始会将思路限制在纵向等分、沿对角线切分和分成四个小正方形这三种方法上。之后会有人提出将大正方形分成十六个小正方形，再以不同方式组合。接下来，他们会发现一条原理，就是连接正方形一边某点及对边某点的直线，如果两个点对两条对边的分割是一样的，则该直线将正方形等分。换到垂直方向上以相同方式连线，就可以将正方形四等分。显然，这种方式可以分割出

7. 生成多种方案

的图形是无限的。有些学员可能基于这一原理提出了各种分割方式,却没有注意到背后的原理。老师不需要逐条列举不同分割方式,只要将它们都归属到同一条原理下面就可以了。我们还可以在这一原理基础上稍加改动:先将正方形一分为二,再将每半份各自一分为二。就每个半份而言,如果穿过中心的分割线两侧图形完全对等,则分割方式符合条件。从这一思路出发能衍生出各种各样的图形。

上述练习不是几何或设计作业。练习的目的不是探讨分割图形的所有可行方式,而是借此证明当我们以为已经穷尽所有可能性时,往往还有很多其他方式等待发现。因此,老师应该等到没人发言之后再分享上文提到的不同方法,一次介绍一种(当然,学员也有可能独立发现上述不同方法)。

材料6

如何将正方形纸板剪开,组成和正方形面积相等的L形(最多可以剪两刀)?(可以使用正方形纸板,也可以通过画图表示。)

不同观点

将正方形剪成两个长方形,如图7-10(a)所示。

从大正方形中剪下一个小正方形,如图7-10(b)所示。

沿对角线切分,如图7-10(c)所示。

(a)

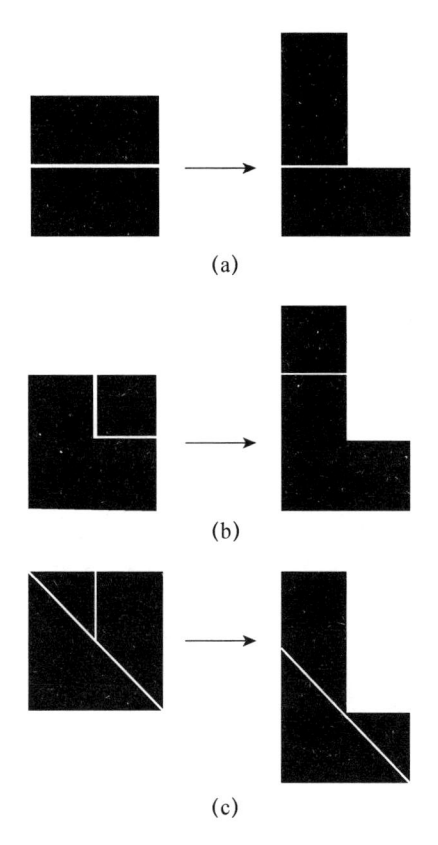

(b)

(c)

图 7-10　图形素材 6

评语

"最多可以剪两刀"的要求相当于引入了一个限制条件。规定限制条件不是为了约束思路，而是为了鼓励学员不满足于简单的解决方案，进一步挖掘其他复杂的方案。

我们一般习惯用水平线、竖直线或直角来分割图形，不太容易发现沿对角线分割的方法。要发现这种方法,最好的办法也许就是"先沿对角线将正方形剪开,看看是什么结果"。实际上,在这样做的同时就已经超越了简单的分析性行为,开始升级为启发性行为了。

非几何图形

到目前为止,我们一直在使用几何图形来说明如何有意识地寻找不同方案(及探讨各种方案的可能性)。现在,读者可以开始尝试更复杂的题目。这些题目不再要求读者从中总结出不同的标准模式,而是要求读者整合信息以发现模式。

材料 7

一品脱的牛奶瓶里装了半品脱的水,你会如何描述这个瓶子?

不同观点

半空的水瓶。

装着一半水的牛奶瓶。

半品脱水装在一品脱的牛奶瓶里。

评语

牛奶瓶这个例子虽然微不足道,却足以说明看待问题的两种方式可能截然不同。它还说明,如果人们选择了其中一种方式,通常就会完全忽略其他方式。有趣的是,装了一半奶的瓶子常被描述为半空，而装了一半水的瓶子常被描述为半满。之所以会这样，是因为人们想当然地认为牛奶瓶原本是满瓶，而水瓶原本是空瓶。事物之前的状态对人们看待问题的方式影响很大。

图片

报纸或杂志上的图片最容易获得，难点在于如何将它们呈现给一大群人。老师可以保存报纸的复印件反复使用，直到材料过时为止。有绘画能力的老师也可以将图片画在黑板上，但这样做效果会差很多。具体需要什么类型的材料，我们在本书前面详细讨论过。

使用图片的方法有两种：

- 描述你认为图片中发生了什么。
- 描述图片中可能发生的三种情形。

使用第一种方法时，老师要选用一张含义不明的图片，要求每位学员自行解读，之后将所有解读方式收集起来。各种解读方式之间的差异说明看待图片的角度是多种多样的。老师要注意避免评判最佳方式或驳斥某一方式的合理性，也不要揭晓图片背后真正的故事（老师可以推说自己也不记得了）。

使用第二种方法时，老师要求学员至少要给出一定数量的不同解读方式。如果学员的思路被最明显的解读方式堵住，不愿意再猜想其他方式，可以要求他们按可能性大小将已有的解读方式排序。

除此之外，老师还可以针对使用的具体图片抛出一些大胆的想法，鼓励学员打开思路。

材料 8

图片中有一群人蹚水前进，他们的穿着不像是在踩水嬉戏，背景似乎是一片沙滩。

不同观点

一群人遇上了涨潮。

人们正横渡涨水后的大河。

人们蹚水前往岛屿或沙坑。

蹚过洪水。

人们蹚水是为了登上不能靠岸的轮船。

人们遭遇沉船事故后上岸。

评语

实际上，图片表现的是一群抗议者在抗议海滩的糟糕状况。但有没有人猜得到并不重要，因为练习不是为了训练逻辑推理能力，而是要得到对图片中情形的不同解读方式。对于这些不同方式，我们不仅要注意到它们的存在，还要能主动把它们想出来（如果不行，能驳斥某些不合理的想法也可以）。

材料 9

图片中有个男孩坐在公园的长椅上。

不同观点

图片中的男孩懒散或不好动。

公园长椅上还有空位。

男孩没有弄湿那部分长椅。

评语

描述者对这张图片的描述和上述例子截然不同，他们没有尝试描述发生的故事（例如，男孩在等朋友，疲惫的男孩在休息，男孩从学校逃课，男孩在晒太阳），描述的重点是场景本身而不是背后的意义（如男孩坐在长椅上，长椅上还有空位）。这是在尝试以不同于寻常的方式观察图片。"男孩没有弄湿那部分长椅"，这样的描述似乎有些出格，但实际上思考本来就不该设限。对任何图片的描述都可以分为不同层面，关注点可以是呈现的画面、正在发生的故事、已经发生的故事，以及即将发生的故事。老师要求学员提出不同观点时，一开始可以不设限制，之后再规定描述应针对哪一层面。

处理过的图片

用图片做材料的问题在于显而易见的解读方式通常完全占据优势地位。学员难以发现其他观察角度，还会觉得其他解读方式看起来愚蠢而不真实。要避开这个难题并提高练习的趣味性，老师可以对图片稍加处理，遮住一部分画面。只凭露出来的部分来猜测图片呈现的故事，不仅会增加练习的难度，也能让学员不受显而易见的解决方式的影响，进而发现更多的可能性。另外，因为整幅图片显露出来后谜底就会揭晓，所以学员会更有动力去猜测正确答案。

材料10

图片有一半遮住了，只能看到一名男子站在大楼伸出的平台边缘努力保持平衡。

不同观点

男子威胁他人要结束自己的生命。

男子试图解救一只困在平台上的小猫。

男子正从着火的大楼中逃生。

男子是一名电影特技替身演员。

男子不小心把自己锁在了门外，正试图翻窗进入自己家的房间。

评语

图片其余部分表现的可能是男子正在张贴一些学员的海报。使用部分图片更易于启迪不同解读方式，但人们最终希望的可能是重组画面，突破明显的解决方式去发现被隐藏的其他解决方式。越是那些被明显的解决方式主导的画面，越适合练习重组，简单的部分画面同样可以用来积累经验。只有部分画面的另一个好处在于，它能说明答案可能存在于画面之外，它能提醒观察者不要局限于眼前真实情境包含的信息，而是要思考画面以外的信息。

书面材料——故事

故事可以选自报纸或杂志，甚至是其他任何书籍。这里所说的故事不是狭义上的传说故事，而是指任何书面事件叙述。

故事的处理方式有以下几种：

1. 挖掘当事人的不同角度。

2. 在只改变叙述重点和看问题的方式而不改变素材本身的前提下，将正面叙述转换为负面叙述。

3. 根据所给信息提炼出与作者叙述不同的重点。

材料 11

新闻报道称，一只鹰从动物园逃了出来，捕捉难度很大。这只鹰落在高高的树杈上，对饲养员引诱其进笼子的尝试不予理睬。

不同观点

饲养员的角度：得快点儿把这只鹰哄回来，一旦它飞走了就会迷路或者被射杀。要爬到这么高的树上追鹰肯定不容易，别人会觉得我是傻瓜，都怪那个一开始让鹰逃走的人。

新闻记者的角度：这只鹰外逃的时间越长，故事就越精彩。我们能不能再靠近一点拍些更清楚的照片？应该有人去挖掘其他兴趣点，比如人们对如何抓鹰的不同意见。

鹰的角度：不明白这帮人为啥乱糟糟的。待在笼子外面的感觉好奇怪。我好饿。不知道要往哪个方向飞。

路人的角度：希望这只鹰飞走，获得永远的自由。看他们费劲地抓鹰真好玩。这只鹰现在看起来比关在笼子里好多了。可以借抓鹰的机会证明自己很聪明，因为其他人做不到。

评语

只要故事牵扯到多个当事人，就不难挖掘各个当事人的视角。老师可以要求所有学员挖掘全部当事人的视角，也可以要求不同学员挖掘不同当事人的视角。这个练习的目的不是猜测他人的想法，而是证明同样的情境有不同的解构方式。

材料 12

故事描述了一个原始部落的不幸生活，部落成员不会读写，只能靠在农田里辛苦劳作勉强果腹。

不同观点

舒服的生活就是过惯了的生活。如果人们已经习惯了触手可及的简单生活，可能比一心追求复杂生活最后却因为发现它们遥不可及而大失所望要好。

读写会让人们知道世界上其他地方正在发生的可怕的事情，这样只会让他们更难过。也许读写只能让人们对生活更失望。

大多数人通常都在为了某种追求而努力奋斗。也许在农田里劳作更有满足感,因为他们不仅可以亲眼见证庄稼慢慢成长,而且可以享用自己的劳动果实。

评语

学员提出的不同观点不一定要符合自己的主张,因为他们真实的主张可能和作者一样。这个练习是为了说明看待事物的方式多种多样,而不是要证明一种观点比另一种观点更优越。争论"等到有人生病或者面临死亡时,这个简单的部落还会不会依然过得开心"是没有任何意义的,但现实生活中,我们很难避免争辩,也很难提出自己并不赞同的观点。提出反对观点的好处在于能显著提高重组观点的可能性。

材料 13

故事以年轻男子蓄长发和衣着花哨为例,认为他们正在逐渐丧失男子气概,变得更加女性化,如今已经很难分辨年轻人的性别了。

不同观点

蓄长发是勇敢的表现,说明年轻人勇于挑战传统。

男子蓄长发的做法由来已久,在维多利亚时代已然如此,但当时的男性不仅不女里女气,反而更有男子气概。色彩鲜艳的衣服虽然花哨,但不等同于女性化,这说明男性也在追求个性。

男生和女生本就该看起来很像。

女性也有同等权利这样做。

评语

这种类型的观点重组并没有加入额外信息。观点重组不是为了呈现故事的另一面,而是为了证明材料能以不同方式组合起来以阐释不同观点。

问题

问题可以从日常生活的不便中总结而来,也可以从报纸中寻找。报纸专栏报道的都是各种各样的难题、骚乱、不利发展和各种民怨。虽然这些素材没有以问题的形式表述出来,但调整一下措辞就可以转化为问题表述。笼统地交代问题主题就够了,我们没必要正式设计具体问题,任何仍有改善空间的局面以及任何能设想到的困难,都能构成问题。

使用问题素材来练习挖掘不同观点有两种方法:

1. 思考问题的不同表述方式。
2. 思考问题的不同处理方法。

重点不在于尝试解决问题,而在于寻找看待问题的不同方式。当然,我们也可以进一步探索解决方案,但这不是关键。

材料 14

孩子在人群中与家长走散的问题。

不同观点：不同表述方式

防止孩子与家长走散。

防止孩子走失。

寻找走失儿童，并让他们回到父母身边。

避免家长将孩子带入人群（展览活动提供儿童看护服务等）。

评语

有些问题表述无法启发答案。问题的表述越笼统，得出答案的可能性就越小。面对笼统的问题表述，我们很难对问题进行同样笼统的重述。这种情况一般需要思考者将问题具体化，以便得出不同观点。例如，"孩子在人群中走散"这个问题，可以表述为"家长在人群中粗心大意"或"孩子身处人群之中"，我们也可以将问题具体化为"让走失儿童回到家长身边"这样的表述。

不同观点：不同处理方法

将孩子和父母牢牢地捆绑在一起（给孩子拴条链子？）。

更容易辨别孩子的身份（佩戴写明家庭住址的吊牌）。

不让孩子走入人群（使用儿童看护服务等）。

家长和孩子事先约定走散后去哪个地点等候。

张贴走失儿童的名单。

评语

前文列举的方法大多数都是实际的解决方案，但有时提出的方法可能只代表处理问题的方式。例如，针对儿童走散这一问题，有人提出的方法可能是"收集统计数据，分析有多少家长因为希望孩子接触人群而主动将孩子带入人群，有多少家长是因为孩子无人看顾而不得已这么做"。

问题的类型

学员所选用的问题的类型在很大程度上取决于他们的年龄，下列问题按照学员年龄进行了分类。

低龄群组

让洗碗变得更省时、更省力。

按时到校。

制作更大的冰淇淋。

把落在树上的球取下来。

如何在车上换衣服。

提升雨伞性能。

年龄稍大的群组

堵车。

机场用地。

实现铁路系统盈利。

保障充足的廉价住房供应。

全球粮食问题。

板球运动员冬天应该做什么？

改进帐篷的设计。

总　结

本章介绍了如何生成不同观点。这一活动并不是为了寻找看待问题的最佳方式，虽然在挖掘不同观点的过程中最佳方式可能会显露出来，但我们没有刻意寻找。如果只是在寻找最佳方式，我们在找到看似最佳方式的解决方案后就会停止思考，在本章的练习中，我们并没有就此停手，而是继续挖掘其他方式。这个过程的目的是打破看待问题的刻板方式，证明只要努力寻找就一定能发现更多的解决方案。另外，这一过程还有助于培养重构模式的习惯。

最好采用人为设置定额的方法，而不是单纯地依靠意愿来寻找看待问题的其他方式，因为这种泛泛而谈的意愿在一切顺利时能发挥作用，却无法支撑我们战胜困难。定额则规定了一个必须完成的下限值。

8. 挑战假设

前一章的主题是组合信息的不同方式，探讨寻找不同方式将 A、B、C、D 组合在一起，以形成不同模式。而本章关注的是 A、B、C、D 本身，它们本身都是被接受的标准模式。

陈旧的东西可能指陈旧的措辞，也可能指看待事物或描述事物的陈旧方式。陈旧不仅指想法编排陈旧，也可能指想法本身陈旧。人们经常假设基本想法没有任何问题，并在这一假设基础上将不同想法组合在一起，形成不同的模式。但实际上，基本想法本身也是可供重构的模式。水平思考的目的，就是挑战所有假设，因为这种思考方式的意义在于尝试并重构模式。即便某一假设获得了广泛赞同,它的正确性也无法保证。大多数假设被保留下来是因为历史传承,而不是因为它们的正确性得到了反复评判和印证。

在图8-1中有三个图形,要求将这三个图形组装成一个容易描述的简单形状。这种组装方式很难找。但如果我们考虑的不是如何组装现有图形,而是重新观察每个图形,就有可能发现可以先将大正方形分割为两个长方形,之后再将所有形状拼装成一个简单的整体形状,这样就容易多了。这个例子说明,有时候仅仅靠尝试不同方式将现有部分编排在一起不能解决问题,还需要重新审视每个部分本身。

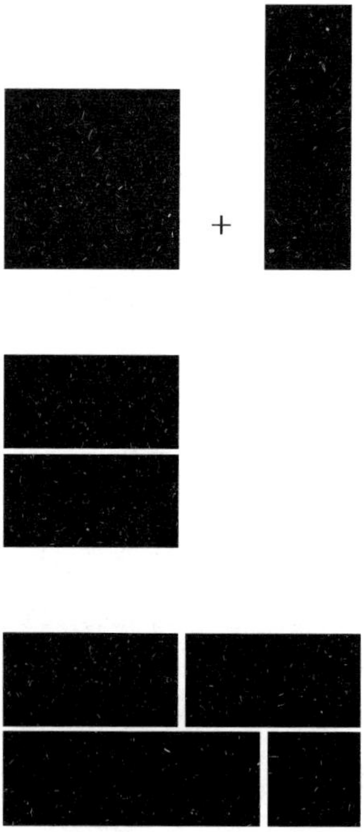

图8-1 三个图形的组合

8. 挑战假设

如果将上述问题表述为一个题目并给出先拆分再组装的答案，很快就会有人抗议这种答案是"投机取巧"，因为他们认为题目的要求是不能改变现有图形。这种关于"投机取巧"的抗议说明我们总是在预设这样或那样的界限或限制。

在解决问题的过程中，我们总是会预设这样或那样的界限，这些界限会缩小尝试的范围，降低解决问题的难度。如果有人给你一个伦敦的地址，找起来可能很难。如果有人告诉你这个地方在泰晤士河北岸，找起来可能稍微容易一些。如果有人告诉你到这个地方可以从皮卡迪利广场直接走过去，找起来就容易多了。我们在解决问题的过程中常常会限制自己尝试的范围。一旦有人跳出来打破界限解决问题，马上就会出现关于"作弊"的抗议声，但限制常常是我们自己设定的。另外，设定这些限制的理由，只是为追求方便而已。如果设定的界限和限制有问题，问题可能就永远无法解决，因为一味地朝着泰晤士河北岸看绝对找不到南岸上的地点。

但要重新审视眼前的一切往往不太可能，所以我们在任何情境中都要做出大量假设，无论相关情境是不是存在问题。一个周六的上午，我在商业街遇到一个卖花的小贩。他举着一大束康乃馨，叫价两先令。这个价钱听起来很便宜。我觉得这是因为临近中午了，这个小贩是在甩货。于是我付了两先令，但对方只从一大束花里抽出了一小束花交给我，一共只有四朵康乃馨。这一小束事先已经用一小段铁丝绑好了。我是因为贪心，才会一开始就想当然地认为两先令可以买下他手里所有的花。

一片新住宅区刚刚落成。在开盘典礼上，人们注意到所有房屋结构都有点低。天花板有点低，门窗也有点低。谁都不知道怎么会这样。最后，相关人员发现有人对工人用的量尺动了手脚，每把量尺都被切掉了一英寸。使用量尺的工人自然不会怀疑量尺的准确性，因为量尺本身存在的意义就是检验尺度的准确性的。

瑞士出产一种香梨白兰地，酒瓶里可以看到一整个梨。这个梨究竟是怎么放进去的？人们通常的猜测是先把梨放到瓶子里，然后再装上瓶颈。还有人猜测先放梨，再装瓶底。因为酒瓶里的梨是完全成熟的，所以人们想当然地认为梨放进去的时候就是已经完全成熟的。但实际上，如果将刚抽芽的嫩枝从瓶颈放进酒瓶里，梨就会在瓶里慢慢发育，一般不会有人猜想到这种方式。

在挑战假设的过程中，我们会挑战界限和边界的必要性，也会质疑每个概念的正确性。水平思考一般不是为了攻击假设的正确性或者提出更好的不同观点，而是为了尝试重构模式。顾名思义，假设原本就是先入为主的模式，通常会避开重构过程。

8. 挑战假设

练 习

演示问题

问题 1

一个园艺师得到的指令是栽种四棵珍稀树木，要求四棵树之间距离两两相等。你会怎么安排？

解决方案

常见流程是尝试在一张纸上排列四个点，保证每个点到其余各点等距，但这是无法实现的。这个问题似乎没有答案。

我们之所以得出这个结论，是因为我们假设所有树木必须栽种在同一个平面上。如果我们挑战假设，就会发现上述要求是可以满足的。有一棵树种在山顶，其他三棵种在山麓，就可以保证它们之间距离两两相等（实际上，它们分别位于四面体的四个顶点上）。我们还可以将一棵树种在坑底，将其他树种在坑口周围，这样也能解决问题。

问题 2

图 8-2 中的这道传统题目很能说明问题。图中有九个点，排列方式如图 8-2（a）所示。要求只能用四条连续的直线将九个点连接起来，连线过程中笔尖不能离开纸面。

水平思考

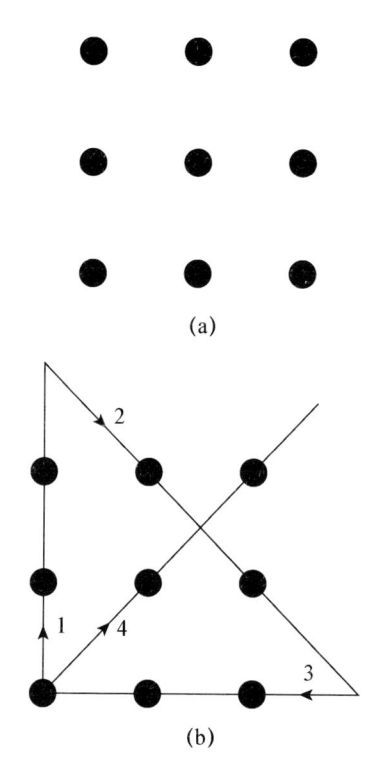

(a)

(b)

图 8-2　九个点连接起来

解决方案

这道题看起来很简单。但我们尝试以各种各样的方式连线后，就会发现需要四条以上的直线。这道题似乎无解。

这是因为我们假设直线必须连接所有点，而且不能超出各点最外侧的直线所构成的界限。如果我们打破这一假设突破界限，这个问题就很容易解决了，如图 8-2（b）所示。

问题 3

一名男子在一座摩天大楼里工作。每天早上,他都在一楼上电梯,按下十层,在十楼下电梯,然后走到十五楼。每天晚上,他会在十五楼上电梯,在一楼下电梯。他为什么这样做?

解决方案

人们会给出各种各样的解释,包括:

- 这名男子想要爬楼梯锻炼。
- 他想要在从十楼到十五楼的路上和人聊天。
- 他想要一边走一边欣赏风景。
- 他想让别人觉得自己在十楼工作(十楼的办公地点可能更高级)。

事实上,这名男子之所以会这样搭乘电梯,是因为他别无选择。他是个侏儒,最高只能碰到十楼的按钮。

人们不由自主地假设这名男子身体很正常,不正常的只是他的行为。

这种问题我们能联想到很多。很多行为看似反常,但一旦了解背后的原因就说得通了。我们可以注意收集这种问题。列举这些问题是为了说明,接受假设可能增加解决问题的难度,甚至是消除解决问题的可能性。

块问题

问题 4

取四个块状物体（可以是火柴盒、书本、麦片盒或洗衣粉盒，下称"矩形块"），要求将它们按限定的具体方式摆放。具体方式限定的是摆放后矩形块彼此接触的情况。

具体摆放要求如下：

1. 摆放矩形块，保证每个矩形块都和另外两个接触。

2. 摆放矩形块，保证其中一个与另外一个接触，其中一个与另外两个接触，其中一个与另外三个接触。

3. 摆放矩形块，保证每个都和另外三个接触。

4. 摆放矩形块，保证每个都和另外一个接触。

解决方案

1. 满足要求有几种方式。其中一种如图 8-3（a）所示。在这种"转圈"的摆放方式中，每个矩形块都和另外两个相邻的矩形块接触——一个在前，一个在后。

2. 第二个问题有点儿难度，因为我们会假设按提问的顺序来解题，也就是说，先保证一个矩形块和另一个接触，再保证一个和另外两个接触、一个和另外三个接触。但如果我们从后往前，先保证一个矩形块与其他三个接触，就可以逐渐调整，形成如图 8-3（b）

8. 挑战假设

所示的排列方式。

3. 有些人觉得第三问很难，因为假设所有矩形块都必须放在同一个平面上（在所用平面上分散开来）。一旦脱离了这一假设的限制，将矩形块堆叠起来，就可以满足要求，如图 8-3（c）所示。

4. 第四问的难度有些出人意料。人们常犯的错误就是将矩形块排成一列。放在两端的矩形块只和另外一个接触，但中间的矩形块却各自和另外两个相邻。实际上，甚至有人因此判定这道题无解。但正确的摆放方式其实非常简单，如图 8-3（d）所示。

评语

大多数人在解决矩形块排列问题的过程中会将矩形块摆来摆去，看结果如何。但如果在这个过程中没有让矩形块彼此接触，就没有太大意义。为了方便，他们会假设所有矩形块必须以某种方式接触彼此。正是这一人为的限制让原本简单的最后一问变得难以解决。

提问法

我们可以借助游戏来练习挑战假设，也可以将其作为一种方法有意识地加以应用。提问法和普通小孩习惯性地问"为什么"的做法高度相似。区别在于，平时人们在问"为什么"时是因为他们不知道答案，而这里所说的"提问法"是指人们即便已经知道答案了也

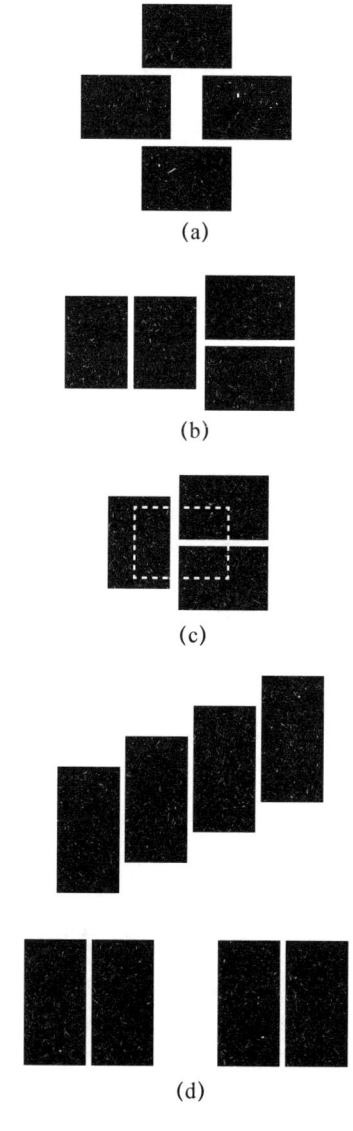

图 8-3 矩形块的摆放

8. 挑战假设

会问一句"为什么"。平时,在回答人们提出的"为什么"这样的问题时,我们会用他们能听得懂的概念来解释他们不明白的东西,以便于他们接受;而在这里所说的"提问法"中,人们能听得懂的这些概念本身也是问题,没有什么是神圣而不可挑战的。

使用提问法的过程并不像看起来那么简单。我们很容易想不出新解释,或者又回到原点给出之前已经用过的解释。另外,如果被质疑的对象是显而易见的,我们还会不由自主地解释原因,替它辩解。这个练习的根本目的,就是消除思考者为这种质疑对象辩护的思维惯性。

先由老师提出某种陈述,再由学员来提问"为什么",老师给出解释后,学员继续针对解释提问"为什么"。整个过程如果只是在自动重复"为什么",就根本不需要由学员提问,除非学员已经养成了不做任何假设的习惯。在实践中,我们永远不会自动重复"为什么",因为每次提问肯定都会针对之前解释的某个具体方面,它不是空洞的提问反应。"为什么"应该有针对性。

示例

为什么黑板是黑的?

因为不这样它们就不会被叫作黑板了。

它们叫什么为什么重要?

实际上不重要。

为什么？

因为它们只不过是用来写字或画图的。

为什么？

因为如果想要向整个班级展示什么，写在黑板上展示会更容易，这样所有人都能看到。

上述提问过程完全可以有不同的发展路径：

为什么黑板是黑的？

这样才更容易看到白色的粉笔印。

为什么要看到白色的粉笔印？

或：为什么粉笔是白色的？

或：为什么要用白色粉笔？

或：为什么不用黑色的粉笔？

每次提问针对的都是主题的某个具体方面，决定了问题的发展方向。当然，老师也可以根据回答问题的方式来决定对话的发展方向。

老师应该努力让整个问答过程延续下去，也可以随时提问："我不知道答案，你认为原因是什么？"如果学员给出了答案，老师和学员就可以互换角色，由学员来回答问题，由老师来提出问题。

这种练习可以选择下列主题：

为什么轮子是圆的？

8. 挑战假设

为什么椅子有四条腿？

为什么房间大多数是正方形或长方形的？

为什么男女穿着会不同？

我们为什么要上学？

人为什么有两条腿？

日常生活中的提问是为了获取信息，我们希望能放心地接受让自己满意的解释。而水平思考中的提问恰恰相反，是为了对任何解释都存疑。只有拒绝放心地接受解释，才能尝试以不同方式看待事物，才能提高重构模式的可能性。

在回答问题的过程中，老师不需要千方百计地证明某个解释是唯一的，他还可以给出各种不同解释。"为什么黑板是黑的？"这个问题的回答可能是"它不一定是黑的，还可以是绿色或蓝色的，只要能让白色的粉笔字显眼就可以"。

我们必须摆脱固有印象，不再相信一切背后都有独特而必要的原因。比较下面的回答：

"黑板之所以是黑的，是因为黑色能让白色的粉笔字更显眼。"

"黑板之所以是黑的，是因为不这样就很难看清黑板上的字迹。"

即便某个事物的形成确实存在真实的历史原因，老师也不能给学员留下这个历史原因足够充分的印象。假设，黑板之所以是黑的，是因为人们先发明了白色粉笔。从历史角度讲，这就是选用黑色的确切原因。但从实践来看，这个原因并不充分。因为它只能解释人们为什么一开始选择黑色，并不能解释为什么黑色被继续保留下来。有人可能会说："黑板一开始被涂成黑色，是因为当时人们在寻找一种能显现白色粉笔印的表面。他们继续使用黑色，是因为黑色的效果令人满意。"

总　结

我们在处理状况或问题的过程中会做很多假设。为了生存，我们必须不停地做假设。但每一个假设都是陈旧模式，只有重组这些模式才能更好地利用现有信息。也只有打破预设的界限，才有可能重组更复杂的信息。本章的中心思想是要说明任何假设都是可以挑战的。我们不是要假装在任何情况下都有足够的时间去挑战每一个假设，而是要证明没有任何假设是不可挑战的。

本章的目的不是埋下怀疑的种子，导致我们因为无法做出任何假设而犹疑不决。正相反，我们要认可假设和陈旧模式的重要作用。事实上，如果我们知道自己不会被假设和陈旧模式禁锢思想，就能更自由地去运用它们。

9. 创新

前面两章探讨了水平思考过程的两个基本方面：

1. 有意识地生成看待事物的不同方式。

2. 挑战假设。

这两个过程本身和一般的垂直思考并没有太大距离。不同之处在于水平思考和垂直思考运用上述两种过程的目的不同，水平思考运用这两种过程的方式是"不合理"的。水平思考关注的不是发展，而是重建。

上述两个过程都被用于描述或分析情况。这种活动也叫反向思考，也就是通过观察已有结果来推导过程。而正向思考则是向前推进，重点是建立新事物，而不是分析旧事物。反向思考和正向思考之间的区别完全是主观上的，两者之间不存在真正的界限，因为我们有时必须以新方式回顾问题才能推进思路。创新的描述可能和创新的想法一样具有启发性，因为反向思考和正向思考的主题都是改变、提升及引发某种结果。在实践中，反向思考更贴近解释结果，而正向思考更贴近引发结果。

在探讨创新问题之前，我们有必要先探讨思考的一个层面，这个层面在正向思考中的应用比在反向思考中广泛得多，它就是评估和暂缓判断。

10. 暂缓判断

思考的目的不是要做到正确，而是要有效。当然，有效也就意味着最终结果正确，但两者之间存在重要差别。正确的意思是从头到尾都正确，而有效只要求最终正确。

垂直思考要求从头到尾一直正确，每个思考阶段都要做出判断，思考者不能采取不正确的步骤，也不能接受不正确的信息编排。垂直思考是通过排除从而做出选择的过程。判断是排除的方法，而否定（"不""不是"）是排除的工具。

水平思考允许思考者在过程中犯错，只要求最终结果正确。水平思考也允许思考者利用不正确的信息编排方式来启发正确的重组方式。因为思考者可能先从一个站不住脚的立场出发，最终才能找到一个站得住脚的立场。

水平思考关心的不是具体的信息编排，而是它最终能通向何方。所以水平思考者不会评判每一种信息编排，也不会只保留正确的编排，而是会暂缓一段时间，稍后再做出判断。这并不是不带判断地做事，而是推迟到后续环节再做判断。

从过程看，水平思考的重点是改变，不要求任何证据支持。也就是说，水平思考看重的不是某个具体模式的正确性，而是这一模式在启发新模式方面的作用。

目前介绍的其他水平思考过程没有任何"不合情理"之处，但暂缓判断的要求与垂直思考有着根本差别，所以更难理解。

要求时刻正确是教育的基础条件。整个教育过程传授的都是正确的事实、基于正确事实的正确推论，以及得出推论的正确方式。学员学的是如何对错误保持异常敏感，以保证正确；学的是如何在各个思考阶段都做出判断，之后根据这一判断否决一切不同观点；学的是如何表达"不对""事实并不是这样的""事实不可能是这样的""由A不可能得出B""你这儿错了""这种方法绝对行不通""没理由这样做"等主张。这些是垂直思考的根本，是其高度有效的原因。有人想当然地认为光靠垂直思考就够了，但事实并非如此。

这种态度难免会埋下隐患，因为垂直思考一味地强调随时保持正确，创意与进步因此被拒之门外。

时刻保持正确的要求是阻挡新思路的最大障碍。只要想法足够多，即便其中一些是错的，也比时刻正确却什么想法都没有要好。

大脑本身是一个自我效能最大化的记忆系统。大脑活动要求我们必须利用启发性的信息编排来实现洞察力重组。在实践中，延迟判断就可以满足这一要求。我们只要等到在想法生成阶段之后的想法选择阶段再做出判断就好了。大脑系统的性质决定了某一阶段的错误想法可能在后续阶段孕育出正确想法。李·德·弗雷斯特顺着电火花能改变燃气喷嘴反应的错误思路钻研，却发现了具有重要意义的热离子阀门。马可尼从电波沿地球曲面传播的错误认知出发，却成功地将无线电波信号传过了大西洋。

要求时刻保持正确的主要隐患包括：

1. 对思路本身正确但源于错误前提的想法抱有盲目的确信。

2. 虽然从错误的想法中也能孕育出正确的想法（或有效的尝试），但前者的作用如果无法证明，可能早早就会被枪毙掉。

3. 人们会满足于正确答案——一旦发现适当的方案，就不会继续寻找可能更好的方案。

4. 过分注意时刻保持正确，会滋生因为担心犯错而畏首畏尾的心理。

延迟判断

水平思考流程有时会故意犯错，以启发对信息重新编排。我们将在后续章节探讨这一流程。本章考虑的内容只是简单地延迟判断，也就是不马上做出判断。在实践中，下列环节都可以做出判断。

1. 关于某个信息领域是否与正在考虑的主题相关的判断，应该先做出判断再发展观点。

2. 关于个人在内在思考过程中产生的某一观点的正确性的判断，剔除这样的观点而不是继续探索。

3. 在与他人分享观点之前做出对观点的正确性判断。

4. 在拒绝承认或实际谴责对方观点时，应对他提出的观点进行判断。

从这个角度讲，判断、评估和批判的过程都很相似。延迟判断不仅意味着延迟谴责，还意味着延迟判断结果究竟是有利的还是不利的。

延迟判断能产生以下影响：

1. 任何想法都能存续更长时间，都能衍生出更多的想法。

2. 其他人会分享被自己否决的想法，这些想法可能会对听者产生巨大的影响。

10. 暂缓判断

3. 我们会接受他人想法的启发作用，而不是彻底地否定对方的想法。

4. 在现有参考框架下被判有误的想法能存续更长时间，最终证明参考框架本身需要调整。

图 10-1 中，A 代表问题的起点，在解决问题的过程中，思考者先朝着 K 前进，但这个想法本身并不正确，所以被否决掉了。之后思考者开始朝 C 推进，但到了 C 之后就无路可走了。如果思考者到达 K 之后可以由此出发到达 G，再由 G 到 B，就可以找到解决方案了。一旦到了 B，就能看到经由 P 到 A 的清晰路径了。

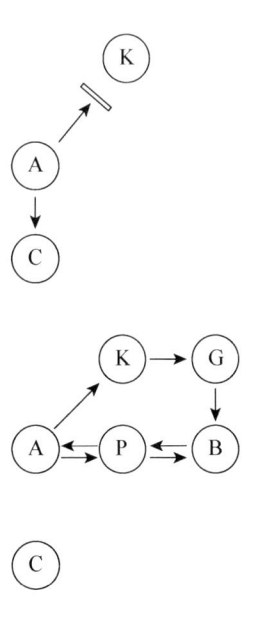

图 10-1　延迟判断能帮助找到解决方案

实际应用

上文探讨了延迟判断原则。我们有必要简单地介绍这一原则的实际应用,因为只认可原则却从来不用对我们没有太大意义。在实践中,这一原则能指导下列行为。

1. 思考者不急于判断或评估想法,也不将判断或评估视作最重要的处理方式,而是更倾向于慢慢探索想法。

2. 有些想法一看就是错的,根本不需要深入判断。在这种情况下,思考者会转而关注如何挖掘它的潜在用处,而不是纠结于它错误的原因。

3. 思考者即便清楚地知道某个想法最终一定会被抛弃,还是会尽量延迟抛弃,以最大限度地挖掘它的用处。

4. 思考者不会强行推动想法朝判断的方向发展,他们只会将判断作为参考。

一只有漏洞的木桶装不了多少水。我们可以直接把它丢在一旁,也可以看它到底能装多少水。就算有洞,这只木桶到底还是能发挥一定作用的。

11. 设计

设计和照搬不一样,需要大量的创新,所以通过设计活动,可以很好地练习我们前面学过的水平思考的那些原则。关于设计的流程,我们将在后续章节详细介绍,本章只将其作为练习水平思考的手段。

练 习

设计方案必须以视觉形式呈现,可以是黑白的,也可以是彩色的。图纸旁边可以附上文字描述,解释设计的某些特色或相关原理。采取视觉形式的好处有很多:

1. 设计者不能只给出模糊而概括的描述,所以肯定会在一定程度上关注动手处理问题的方式。

2. 视觉设计能让所有人都看得到。

3. 用视觉呈现的方式来表达复杂结构比用文字描述容易得多，由于描述能力不足而限制了设计水平会令人惋惜。

设计实践可以布置成课堂练习，也可以布置成课后作业。最好要求全体学员都完成同样的设计作业，而不是自由选择。这样老师可以针对所有作业给出评语，也有更多的素材可以比较，同时可以保证学员更积极地参与分析过程。

如果所有作业都能使用标准纸张会更方便。布置完设计作业后就不要再补充任何信息，也不要试图将设计项目限定得更加具体。无论学员提出什么问题，老师都可以用"按照你自己的想法拿出最佳方案"来回应。

作业点评

如果学员人数很少，可以让学员围坐在一起，把作业摆在中间。如果人数太多，就需要使用投影仪或幻灯机展示，或者也可以将它们用大头针挂起来展示。老师在展示学员作品前可以在黑板上列出要点，先展开适度的讨论。在点评作业的过程中，老师应该牢记以下几点：

1. 克制评判作品的冲动，不要说"这个方案行不通，因为……"。

2. 克制选出最佳处理方式的冲动，避免设计作品朝单一方向极端发展。

3. 强调实现某一具体功能有不同方式。列举不同建议，并补充自己的观点。

4. 尝试探讨某一具体设计的实用性。尝试将设计师意图和实际操作方式区分开来。

5. 注意以功能性为目的以及单纯以装饰性为目的的设计特征。

6. 针对某些设计元素提问——提问不是为了批判该设计，而是为了挖掘某些设计元素背后是否隐藏着不为人知的特殊原因。

7. 留心有些设计是不是从电视、电影或漫画里照搬的。

建议

设计项目可以是对现有事物的改进，也可以是具备某种功能的新发明。实物设计最容易，因为实物很容易画出来，不一定是严格意义上的机械设计，比如，可以要求学员设计一个新教室或一种新型鞋子，只要是具体的项目就行。另外，也可以尝试让学员进行组织设计，这种设计会涉及做事情的方式，比如如何快速建成一栋大楼。

设计：

- 苹果采摘机。
- 土豆削皮机。
- 能在崎岖不平的路面上行进的车辆。
- 防洒茶杯。

- 隧道挖掘机。
- 辅助停车设备。

再设计：

- 新型奶瓶。
- 椅子。
- 学校。
- 新型服装。
- 改良版雨伞。

组织设计：

- 如何迅速建成一栋房屋。
- 如何安排超市里收银台的摆放。
- 如何组织好收垃圾工作。
- 如何统筹购物行程，以最大限度节约时间。
- 如何在热闹的路段安装排水设施。

多样性

设计练习的目的是证明处理问题的方式是多种多样的。最重要的不是单个设计方案，而是不同设计方案之间的比较。为强调这种多样性，老师可以比较整个设计方案。但更有效的方法是选出某个具体功能，分析不同设计者是如何处理的。比如，在设计苹果采摘机的过程中，老师可以选择"够苹果"这个功能，要够到苹果，有些学员会使用伸缩臂，有些会将整台机器安装在起重机上，有些会尝试让苹果落到地面，还有些学员会直接将苹果树种在沟里。可以针对每项功能罗列学员使用的不同解决方法，并且要求学员给出其他建议。老师本人也可以分享自己的想法，或者以前学员在完成这一设计项目时贡献的想法。

苹果采摘机可以包含如下这些特别的功能：

- 够到苹果。
- 找到苹果。
- 摘下苹果。
- 将苹果运到地上。
- 分拣苹果。
- 将苹果放到容器里。
- 继续转向下一棵树。

不建议学员在完成设计的过程中兼顾所有功能。即便在无意识的状态下，他们也能照顾到大多数功能。老师可以有意识地分析学员的处理方式，展示不同处理方式的差异。很多时候，设计者并没有注意到某个功能（如怎样将苹果移到地面）。面对这种情况，老师应该表扬体现了这一功能的设计，但不要批评没做到这一点的设计。

评估

我们有时会冲动地批评设计存在疏漏，存在机械错误、效率错误、尺寸错误及这样那样的错误。但我们必须克制这种冲动，尽管做到这一点很难。

如果有些设计有疏漏，老师可以通过点评无疏漏的设计方案来让设计者意识到自己的问题。

如果有些设计存在机械问题，老师可以点评设计者意欲实现的功能，而不是实现功能的方式。

如果有些设计在某些问题的处理上绕远了，不要批评，而是要介绍其他一些更有效的设计。

10～13岁年龄组的学员常犯的设计错误就是偏离设计方案，在作品中细致描绘直接从电视或太空漫画等作品中照搬的某种工具。所以，他们笔下的苹果采摘机插满了机枪、火箭、雷达和喷气装置。他们还会详细介绍搭载"船员"数量、速度、里程、马力、建造成本、建造时间、零部件数量、建筑材料等。老师没必要批评这种过度设计的行为，而是要强调其他设计在功能上的简约性和高效性。

重要的是，不要批评机械原理。一位苹果采摘机的设计者建议每个苹果都植入一小块金属，并在每棵树下都埋上巨大的磁铁，这样就可以利用磁力将苹果拽下来。我们很容易就会想到下列批评意见：

1. 每个苹果都植入金属和直接摘苹果一样费事。

2. 磁铁必须有巨大的吸力，才能把距离这么远的苹果拽下来。

3. 苹果落地时会被摔坏。

4. 埋在地下的磁铁只对一棵树上的苹果有效。

这些意见都有道理，我们还能想到很多，但老师不要使用这种批评的口吻，而是要说："很多同学的思路都是爬到树上去摘苹果，但有位同学想把苹果吸引到地面上，这样就可以一下子把所有的苹果都收集到一起，不需要一个一个地找、一个一个地摘。"这种观点其实也有道理。用以实现功能的方法可能很明显没什么效率，但老师最好对这些无效的设计保持沉默，不要批评设计者实现功能的方式，以免被误解是在否定功能本身。等这个设计者对磁铁有了更深入的了解，他自己就会发现磁铁能发挥的作用并不大。但在当下，这是他知道的能产生"远距离引力"的唯一办法。

另一个项目要求设计能在崎岖路面上行驶的车辆。有个设计者建议使用某种"光滑物质"，车辆自己能吸入车辆后方的光滑物质，然后将它们撒在车辆前方的路面上，这样车辆就可以一直在光滑物质上行驶，如图 11-1 所示。车辆还配备了一个储存装置，以保证光滑物质的供应。我们很容易就会想到下列批评意见：

1. 什么样的"光滑物质"才能填平深沟？这个需求量太大了。

2. 车辆不可能将撒下去的物质全部回收回来，也许很短的距离之后材料就用完了。

3. 车速必须很慢。

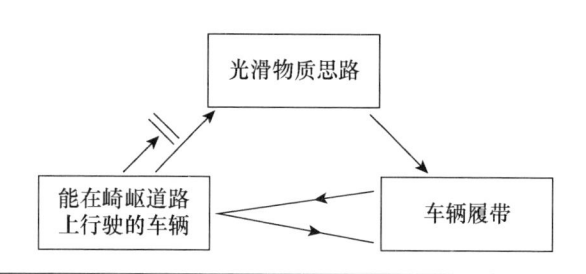

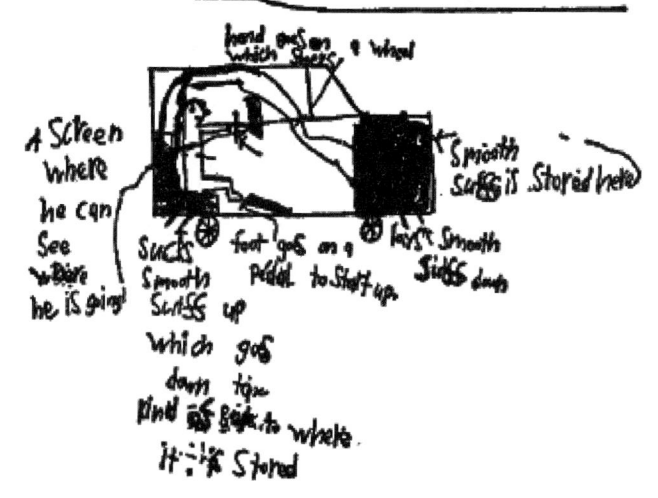

图 11-1 能在崎岖道路上行驶的车辆设计思路

我们很容易就能想到这些批评意见，但我们同时也应该认可设计者的创新之处。他没有像大多数人一样借助特殊轮胎或其他设备来克服路面崎岖不平的问题，而是尝试改变路面本身。从这一理念出发可以引申到履带式车辆，这种车辆就是先将光滑物质（履带）放下去再收回来。还有一些军用车辆会搭载钢网或玻璃纤维垫，必要时用垫子铺路，让车辆从垫子上开过去。

有些想法虽然看似荒唐，却可以抛砖引玉，如图 11-1 所示，光滑物质的思路虽然解决不了问题，但能让人直接联想到履带式车辆的思路。如果我们一上来就否定了前者，可能很难发现后者。我们不该抱着"这个方法行不通，直接舍弃吧"这样的态度，而是应该考虑"这个想法虽然行不通，但它能让我们联想到什么"。

不管别人怎么看，没有人是为了愚蠢而愚蠢。一个人当时记录下了某个想法，就肯定有其认为合理的理由。别人如何看待这个想法并不重要，因为我们的目的是启发水平思考。无论设计方案背后的依据是什么，无论设计方案看起来多么荒唐，它都能有效地刺激我们联想到其他想法。

假设

我们在设计过程中会倾向于使用"完整部件"，也就是说，我们从别处借鉴某个部件的设计以在实现某一特定功能时将部件"完整地"照搬过来。因此，用于采摘苹果的机械手臂会有五根手指，因为人手就有五根手指。想要打破这种困局，需要从完整部件中分离出真正需要的元素，我们可以质疑背后的假设："为什么一只手要有五根手指才能摘苹果？"

我们也可以质疑设计方案背后的基础假设：

为什么我们要把苹果从树上摘下来？

为什么苹果树是这个形状？

为什么每摘一个苹果手臂都要上下移动？

我们挑战的一些观点很容易被认为是理所当然的。质疑这些观点能引导我们开辟新思路。例如，我们可以把苹果从树上摇下来，而不是一个一个地摘下来。美国加利福尼亚州已经有人在尝试以特殊的方式种植果树，以降低水果采摘的难度。机械手臂也不需要每摘一个苹果都上下移动，我们可以想办法让苹果直接掉落在斜槽或其他容器里。

提问法可以用于设计项目的任何一个环节。老师可以在讨论设计方案时就开始提问。和往常一样，使用提问法的目的不是为某个观点辩护，而是探索我们对某一问题处理方式的唯一性的质疑将带来的结果。

总　结

设计的过程是培养水平思考的便捷方式。本章强调的是处理问

11. 设计

题的不同方式、看待事物的不同方式、挣脱陈旧观念的束缚及挑战假设。我们要暂时推迟批判性评估，以便形成启发性的思考框架，并在这一框架下满怀信心地发挥灵活性和多样性。想要设计练习发挥效果，主持练习的老师应该了解练习的目的。它的定位不是设计练习，而是水平思考练习。

12. 主导思想和关键因素

几何图形不存在任何含糊之处，任何几何图形传递的信息都非常明确，所以我们知道摆在眼前的是什么。但实际中大多数状况要含糊得多，很多时候我们对状况只有一个模糊的认识而已。思考如何以不同方式分割与组装确定的几何图形很简单。但如果只是模糊地了解状况，思考的难度就会明显加大。

每个人都坚信，自己知道自己在说什么、读什么、写什么。但如果被要求总结主导思想，人们往往很难办到。因为将一个模糊的认识转化成明确的陈述并不容易，人们给出的陈述或者太长太复杂，或者遗漏了太多信息。有时，人们会发现无法将话题的不同层面组合在一起形成一个主题。

如果我们无法将模糊的认识转化为明确的模式，就很难联想到其他模式及看待状况的其他方式。在定义状况的过程中，我们首先要总结出主导思想，这样做不是为了被它束缚，而是为了能引申出其他想法。

如果无法辨别主导思想，我们就会被它支配。不管我们尝试用什么方式来看待问题，都有可能为一直存在却未被界定的主导思想所控制。总结主导思想的一个主要目的，就是挣脱它的束缚，因为一个明确的对象要比一个模糊的对象更容易摆脱。水平思考的目的，就是从僵硬模式中解放出来并引申出不同模式。先总结出主导思想，会在很大程度上降低这两个过程的难度。

如果无法提炼主导思想，我们联想到的任何其他想法都难逃这一模糊的整体思想的禁锢。图12-1说明，我们所引申出的不同观点，实际上和主导思想（也就是初始观点）同属一个思考框架，只有认识到这个框架的存在，我们才能跳出框架，从而形成真正意义上的不同观点。

主导思想不仅关乎状况本身，还关乎我们看待状况的方式。有些人明显擅长提炼主导思想，还有些人明显擅长用一句话概括情况，这可能是因为他们能将主导思想和细节区分开，或者因为他们看待

12. 主导思想和关键因素

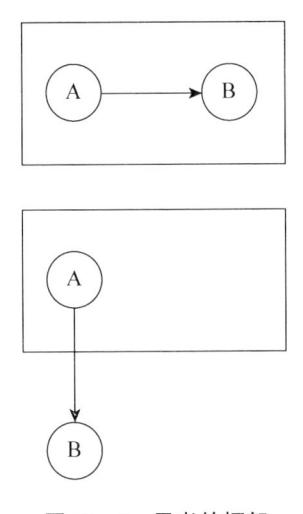

图 12-1 思考的框架

事情的角度更简单。想要提炼出主导思想，我们必须有意识地采取行动，并多加练习。

不同的主导思想

如果老师要求学员总结报纸上一篇文章的主导思想，他可能会听到各种版本的答案。如果文章介绍的是公园，主导思想可能包括：

- 公园的美丽景色。
- 相比城市周边，公园的价值是什么。
- 开发更多公园的必要性。
- 开发或保护公园的难度。

- 公园能让人放松身心或愉悦心情。
- 作者正在测试抗议的效果，公园恰好是一个合适的主题。
- 城市发展需求所带来的隐患。

这些观点虽然各不相同，但都和文章相关。有些观点确实更主流，但选择其他观点的人也有充分的理由认定自己的观点才是文章的主导思想。我们的目的不是讨论真正的主导思想是什么，而是引导读者养成提炼主导思想的习惯。我们不是为了分析情况，而是为了对情况有一个清晰的认识，以便在此基础上形成不同观点。我们不是利用主导思想本身，而是为了分辨主导思想进而摆脱它的束缚。

我们在第11章中讨论设计问题的时候认识到了主导思想在组织思路方面的明显作用。不同群体会得出不同的主导思想，即便他们并没有明确地表述过这一思想。在设计苹果采摘机时，孩子的主导思想是"够到苹果"，他们从个人的角度出发，考虑的是如何一次摘一个苹果，以及真正够到苹果有多么困难（对年龄较小的孩子而言）。面对同样的设计问题，工业设计小组的主导思想是"商业化效率"，这个宽泛的概念包括保证操作速度和低廉成本，并确保苹果完好无损。从这个角度看，够到苹果不算问题，真正的问题是如何发现苹果、一次采摘多个苹果、将苹果完好无损地搬运到地面上，并使用能在树木之间轻松移动的低成本设备完成前述操作。总而言之，工程师的主要问题是"对比人力的优势",而孩子的主要问题则是"拿到苹果"。

主导思想的层次

在提炼主导思想的过程中,我们很快就会发现主导思想的综合程度不同,主导思想可能涵盖了整个主题,也可能只涉及一个方面。因此,阅读有关犯罪的文章后,我们可能总结出下列主导思想:

- 犯罪。
- 人们的行为。
- 暴力。
- 社会结构与犯罪。
- 犯罪趋势。
- 可行措施。

显然,"犯罪"和"人们的行为"这两个主题比"暴力"和"可行措施"宽泛得多。但这些主导思想都是合理的。这些想法由下至上,由具体到宽泛,形成了一个等级体系。提炼主导思想并不是要寻找最综合、最全面的想法,因为想法过于宽泛可能会让我们无法突破。提炼主导思想也不是要向其他人证明自己的想法才是唯一的主导思想,理由是它涵盖全局,因此不容置疑。实际上,我们只是为了提炼出在我们看来能主导整个问题的想法。比如，针对有关犯罪的文章，主导思想可以是"关于刑法措施的价值存在不确定性"或"保护罪犯作为公民的权利"。

关键因素

主导思想是一个中心主题，统领着我们看待整个状况的方式。主导思想虽然存在，但很少被界定，我们提炼主导思想只是为了摆脱它的束缚。而关键因素是状况的组成因素，无论我们如何看待状况，都会将其包含其中。关键因素是一个约束点。和主导思想一样，关键因素也会固定局面，导致我们无法再转变视角；和主导思想一样，关键因素也会在我们无意识的情况下发挥巨大影响。

图12-2表现了主导思想和关键因素之间的差异。主导思想统领整个状况，而关键因素只是约束状况。虽然状况还可以变化，但变化幅度有限。

识别关键因素是为了检验这些因素。通常情况下，我们会假定某个因素是关键因素。先分离出一个因素，然后质疑它是不是必要的，如果这一因素并不关键，那么它的约束力消失，我们就可以有更多的自由以新方式来构建状况。在苹果采摘机的设计中，关键因素可能是"必须保证苹果完好无损"或"只能采摘成熟的苹果"。这两个关键因素如果是必要的，我们看待问题的方式就会受到限制。

主导思想

关键因素

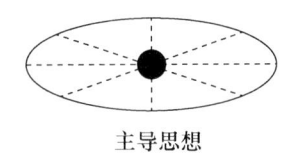

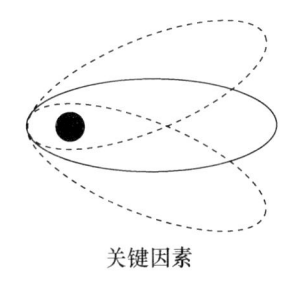

图 12-2　主导思想和关键因素的差异

比如，晃动树木就不是一个好办法。

关键因素可能有一个、多个，或者一个都没有。不同的人可能会选择不同的关键因素。和寻找主导思想一样，重点是按个人想法分辨出关键因素，无论它是否真正关键，无论别人怎么看，都不重要，我们找到它只是为了质疑它的必要性。

寻找主导思想是为了搞清楚"为什么我们总是以同一种方式看待事情"，寻找关键因素则是为了搞清楚"阻碍我们的因素是什么""我们为什么要固执地坚守这种旧方法"。

寻找主导思想或关键因素的过程并不等同于水平思考的过程，它只是提高水平思考效率的一个必要步骤。我们如果看不清现有模式，就很难重构模式。如果发现不了模式的僵化之处，就无法给它松绑。

练 习

报纸文章

给学员读一篇报纸上的文章，要求大家归纳：

- 主导思想(一个或多个)。
- 关键因素(多个)。

老师将答案收集上来，将不同观点逐条罗列出来。也可以要求学员解释选择某一观点的原因。这样做不是为了阐明自身选择的合理性，也不是为了证明它不如其他观点，只是为了让学员把自己的观点说清楚。老师不要尝试否定任何观点，也不要按观点的好坏排序。

如果学员明显没有理解有关主导思想和关键因素的要点，老师应该重点分析那些能传达要点的答案。如果没有这样的答案，老师应该分享自己选择的主导思想和关键因素。

不建议将学员的主导思想和关键因素写在黑板上，因为看到一个不错的观点后，学员可能就不愿意继续思考了。最好让学员独立写出自己对主导思想和关键因素的看法，然后再向他们展示不同观点。

广播或录音机

老师可以朗读一段文字，也可以播放电台专题节目或录制的广播节目音频。使用录制的音频好处在于可以重复播放。

打印文章

老师可以将一段文字打印出来发给学员，而不是为他们朗读这段文字。这种做法有很大的不同，因为学员可以有更多时间思考，他们的理解方式不会受朗读方式的影响，而且还可以回顾原文，看它是否能支持某一个观点。

辩论

要求两名学员在课堂上针对某一主题展开辩论。在这样的情况下，老师可以挑出那些对某个话题持反对意见的学员，也可以指定某些学员（不管他们是否持反对意见）来担任反方进行辩论。其他同学在聆听辩论的过程中记录主导思想和关键因素。为检验观点的正确性，他们可以向正反两方提问。

设计项目

无论是在设计项目进行过程中，还是在讨论他人完成的设计作业时，老师都可以要求学员尝试提炼主导思想和关键因素。这样他们就能检验关键因素，看它们的关键地位是否经得起推敲，看如果将它们从设计中删除会产生什么结果。对主导思想也可以采取同样的处理方式：先将它们提炼出来，然后再考虑如何摆脱它们的束缚。

虽然将提炼主导思想和关键因素的练习与水平思考的过程结合起来并不难，但最好不要这样做。因为如果我们将生成不同观点的过程和提炼主导思想的过程合二为一，提炼出的主导思想很可能与想出的这些不同观点高度契合。很快，我们对主导思想和关键因素的选择都会受到影响，因为我们会巧妙地主动回避。所以，就目前而言，能熟练地提炼主导思想和关键因素就足够了。

13. 分解

水平思考的目的在于以不同方式看待事物、重组模式、生成更多方案。有些时候，只要有生成不同方案的意愿就足够了，因为它能让我们停下来多看一看，避免固守看待问题的明显方式，一条道走到黑。在四处观察的过程中，我们可能会发现还有其他方式可供考虑。但有些时候，有生成不同方案的意愿还远远不够，因为意愿本身不能创造更多方案，我们还需要借助一些实际方法。同样的道理，激励他人寻找不同方案有一定的意义（尤其有助于缓和固守某种特定观点的狂妄态度），但开发生成更多不同方案的方法同样重要。

在自我效能最大化的大脑记忆系统中，模式一旦形成就会不断扩大，可能通过延伸，也可能通过两个模式合二为一。模式不断扩大的这种趋势在语言方面表现得很明显。大脑将描述个体特征的词语组合起来以描绘新情况。这种组合很快就会被贴上独立的语言标签，一个新的标准模式也就应运而生，新模式随后会得到独立应用，很少有人会再去追溯构成模式的原始特征。

模式整体性越强，重构的难度就越大。因此，如果多个模式组合成一个标准模式，要换一种崭新的方式来审视情况就变得更加困难。为降低重构难度，我们可以尝试回过头分析构成这一模式的子模式。直接给孩子拼装完毕的娃娃屋，孩子只能惊叹于娃娃屋现在的样子，拿过来直接玩，除此之外别无选择，但如果给孩子一箱积木，他就可以以不同方式拼装出各式各样的娃娃屋。

图13-1是一个L形的几何图形，要求将这一图形分成四份，每份的尺寸、形状和面积必须完全一致。我们通常会先尝试左侧的分割方式，这种方式显然不符合条件，因为拆分后的图形虽然形状相同，但尺寸不同。

正确答案如图13-1右侧所示，原始图形被分成四块L形图形。要得出答案，有一种简单的方法是先将原始图形分成三个正方形，再将每个正方形分成四份，也就是将整个形状分成十二份。这十二块图形再按三个一组（共四组）的方式组合，就能形成图中图形。这样就能按要求将原始图形分成四份。

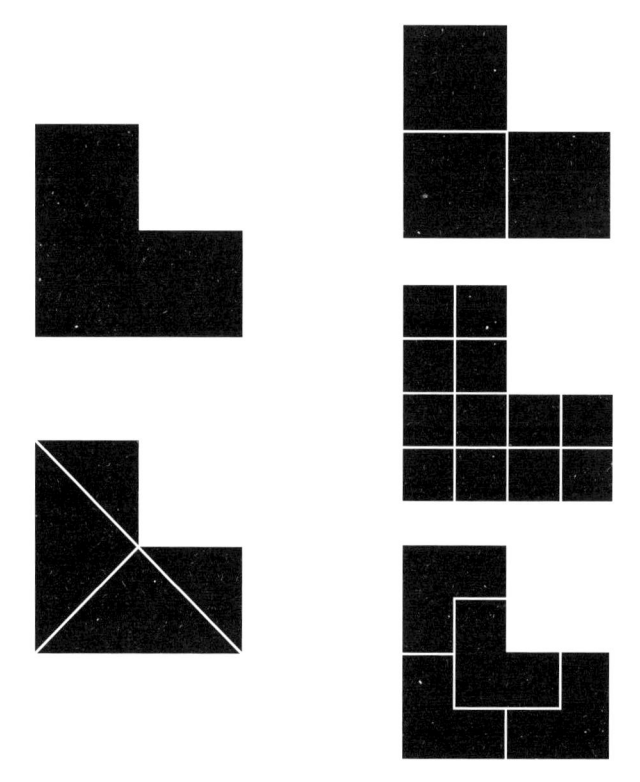

图 13 - 1　L 形图形的切分

前面出现过这样一道题目，要求将正方形分成尺寸、形状和面积完全相同的四份。最常见、最明显的答案是正方形直接四等分。而有些人进一步将原始图形分成了十六个小正方形，然后再以各种新方式重新组合，最终实现将正方形四等分的目的。

从某个角度讲，语言的全部意义就是提供了各自独立的单元，这些单元能以不同方式、不同顺序进行组合。但很快，这些方式本身就被确定为固定单元，不再是其他单元的临时组合。

任何事物都可以先分解为部分，再以全新的方式组合在一起，最终达到重组的目的。

真的和假的分割方式

前文看似在建议读者将事物分割为组成部分再加以分析，但事实并非如此，我们的目的不是努力寻找事物真实的组成部分，而是创造组成部分。天然的或者说真实的分割方式通常不太有效，这是因为这样拆分而成的部分重新拼凑起来仍摆脱不了原始模式，因为原始模式一开始就是由这些部分组合而来的。以非天然的方式进行分割，往往更可能以新方式将单元组合起来。水平思考就是这样，我们的目的是寻找启发性的信息组合以推导出看待问题的新方式，而不是去发现原有的天然的方式。我们需要的只是让过程持续进行。为实现这一目的，任何形式的分割都是可接受的。

设计苹果采摘机的问题可以拆分为下列部分：

● 够到苹果。

- 找到苹果。
- 摘下苹果。
- 将苹果运到地面。
- 保证苹果完好无损。

重新组合这些部分时，有人可能将够到苹果—找到苹果—摘下苹果组合在一起，然后用"晃动果树"来代表这个组合。接下来就只剩一个问题：如何完好无损地将苹果运往地面？还有人可能将"够到苹果"与"保证苹果完好无损地运到地面"这两个部分组合起来，设计出用来接住苹果的可升降帆布平台。

还有人可能以另一种方式来分解问题：

1. 针对摘苹果这一问题，从树的角度能做些什么。
2. 针对摘苹果这一问题，从果实的角度能做些什么。
3. 针对摘苹果这一问题，从机器的角度能做些什么。

从这一特定分解方式出发，就可能会设法以特定方式种植果树，以方便采摘。

完全分割与重合

既然分解的目的是打破固定模式的牢固整体，而不是提供描述性的分析，所以，即使各部分未能覆盖整个状况也是没关系的。我们只要能得到处理的素材，只要能重新组合信息以启发对原始模式的重构就够了。

同样的道理，分解出的各部分之间是否重合也不重要。分解得再不彻底，也比坐着苦想如何能彻底分解要好得多。

"公交车客运"问题可以分解如下：

1. 路线选择。

2. 发车频率。

3. 便利程度。

4. 选乘这一线路的乘客数量。

5. 不同时间选乘该线路的乘客数量。

6. 车辆大小。

7. 经济效益与成本。

8. 其他出行方式。

9. 不得不选乘该线路的乘客数量以及运行后愿意选乘该线路的乘客数量。

很明显，分解而来的部分无法完全割离开来，在某种程度上是相互重合的。比如，便利程度与路线选择、发车频率甚至车辆大小都有关系，经济效益与成本涉及选乘该线路的乘客人数、车辆大小及其他几个组成部分。

两分法

无论什么时候，遇上难以拆分的问题，都可以人为地将问题分解成两个单元或组成部分，这种方法通常都很有用。拆分而来的两个部分再一分为二，以此类推，直到达到满意的数量为止，如图 13-2 所示。

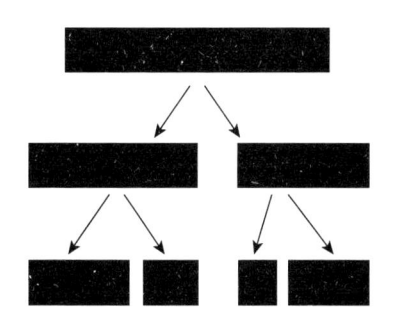

图 13-2　两分法

这种方法非常刻意，忽略了几个重要因素，但它的好处在于找两个组成部分比找几个部分要容易得多。两分法不是要将问题拆分成两个对等的部分，一分为二得来的两个部分无论多不对等都无所谓。分割方式也不必遵循事物天然的组成方式。拆分方式虽然刻意，但可能依然有效。

用两分法解决苹果采摘问题的过程如表 13-1 所示。

水平思考

表 13-1 用两分法解决苹果采摘问题

苹果采摘问题	苹果	娇贵	破坏 已受损
		分离	寻找 密度
	采摘	摘下	固定 拉拽
		运输	到地面 容器

两分法实际上算不上技巧，只能说是用来引导解构情况的方法。

练　习

分解

给学员布置一个题目，要求他们将题目进行分解。题目可以是设计项目、问题或任何具体的主题，推荐题目包括：

- 港口轮船装货。
- 餐厅用餐。
- 捕鱼与卖鱼。
- 组织足球联赛。
- 修建桥梁。
- 报纸。

将学员各自的分解清单收上来。如果有时间，就按最普遍的分解方式分析结果。如果没有时间，就将一份份清单读出来，着重评述最新颖的分解方式。

该练习的主要目的在于展示方法的多样性或统一性。

重新组合

从上述练习（或特定培训课程）获得的清单中提炼出将题目分解成两三个组成部分的分割方式，要求学员将部分重新组合起来，以期形成看待问题的新方式。

找出分解部分

将学员分成小组，每个小组布置一个题目，要求学员依次找出分解部分，先由一个学员主动分享自己找到的部分，再由其他学员提出自己的意见。这个过程不断继续下去，直到不再有其他意见为止。学员找出的分解部分即使有一定程度的重合也无妨。如果有学员看起来在照搬之前的发言，可以指出两者发言的相似性，并要求对方解释有何区别。区别即使站不住脚也无所谓，只要这位学员自己认为有差别就可以。

回推

这种练习更像游戏。将前面环节获得的组成部分清单分发给另一个小组，要求这一组的学员猜测被分解的题目是什么。将题目中的明显线索删去，用空格代替。

还有一种方法是给学员包含五个题目的清单，要求每个学员只分解其中一个题目，最后读出分解清单，要求其他学员猜测被分解的题目是五个题目中的哪一个。

两分法

给学员布置一个题目，要求用两分法分解，之后比较最终结果。可以迅速比较不同学员第一步分解而成的两个单元。这一练习能体现不同学员选用方法的多样性。

连续使用两分法

布置一个题目，要求一名学员将其分解为两个单元，再选出另一名学员进一步将分割而来的其中一个单元一分为二，依此类推。和其他练习环节不同，这一练习不是自愿贡献方案，而是学员被要求必须提供方案。这个练习是为了说明总有办法将题目一分为二，具体方式就是从题目中提取出一个单元，那么剩下的部分就是另一个单元了。

总　结

分解看起来也就是直接的分析而已，但实际上两者强调的重点有很大差别。分解的目的并不是将问题全面拆分为真实的组成部分，而是要通过分解形成素材，以启发对原始问题的重建。也就是说，

13. 分解

分解的重点在重建而不是解释。因此分解出的各部分不必完整，也不必按照问题天然的组成方式进行分解，因为我们看中的不是分解是否正确，而是分解能启发什么想法。分解的目的，就是避开固定模式整体上的局限性，以更具启发性的方式看待由若干组成部分组合而来的问题。

14. 反转法

　　分解虽然是转换思路看待问题的有效方法，但有一定的局限性。各分解部分本身是固定模式，通常也是标准模式。分解的过程通常是垂直思考过程，遵循的是事物天然的分割方式，所以导致的最终结果就是分解部分重新组合后仍是看待问题的标准观点。虽然分解便于我们换一种方式看待问题，但实际分解出各组成部分的过程限制了生成多样性的方案。图14-1中是一个简单的正方形。如果要将这一图形平均拆分，我们的选择可能如图中所示。拆分部分的选择决定了以不同方式重组部分后得到的最终图形。

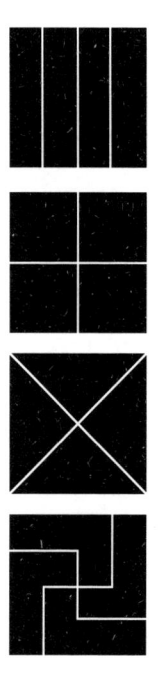

图 14-1　正方形的拆分

和分解法相比，反转法从本质上更具备水平思考的特点，能推导出更不寻常的重组方式。

如果给出的创意问题是开放式的，对方就会觉得无从下手，也不知道如何推进。面对这样的问题，对方满脑子想的都是："我应该朝哪个方向推进？我应该做些什么？"我曾经要求一组同学重新设计人体的某些器官，他们的反应就是这样。一种常见的处理方式就是从某些真实器官入手，对其进行简单的改造。所以，有同学建议增加手臂的数量、延长手臂长度或提高手臂的灵活性。

最实际的方法,是从现有想法入手,除非你愿意干坐着等待灵感降临。游泳比赛中,游泳选手在泳道尽头转身时会用力蹬一下池壁,以达到借力加速的目的。而反转法就相当于借力于已有的固定想法,从而实现朝相反方向推进的目的。

一旦确定正方向,就相当于同样明确地定义了反方向。你朝着纽约前进,就相当于在远离伦敦。一旦确定正动作,就相当于明确了反动作。如果正动作是将浴盆注满水,那么反动作就是将浴盆中的水都放光。如果一段时间内发生了某件事情,只要沿着时间轴倒退就可以找到相反过程。这就好像倒带播放电影胶片一样。如果两方之间存在单向关系,改变这种关系的方向就可以将情况反转过来。个人应该服从政府,反过来就是政府应该服从个人(人民)。

反转法就是接受事物的现状,然后将它完全反转过来,里面变外面,上下颠倒,前后倒置,看看到底会发生什么。这个过程就是以启发性的方式编排信息。让水往山上走,而不是往山下流。你不再操控汽车,而是由汽车来牵引你的方向。

不同类型的反转

要"反转"某个情况通常有几种不同方法,这些方法没有对错之分。我们不需要寻找正确的反转,因为任何反转都是可接受的。

例如,将"一名交警在指挥交通"的情况反转过来,可以是:

1. 交通指挥(控制)交警。

2. 交警在扰乱交通秩序。

哪一种反转更好?其实哪一种都可以。因为在证明之前,我们也无法判断哪种编排更有效。我们要做的不是选出更合理或者不合理的反转方式,而是寻求不同观点、寻求变化以及具有启发性的信息编排方式。

水平思考不是要寻找正确答案,而是要寻找信息编排的不同方式,以达到转换思路看待事物的目的。

反转过程的目的

通常情况下,反转过程所催生的看待事物的新方式一看就是错误或荒唐的,那么反转的意义何在呢?

1. 我们借助反转法来摆脱看待事物的标准方式。新方式是否有道理并不重要,因为一旦摆脱了标准方式,向其他方向推进就简单多了。

2. 打破看待事物的原始方式,就能解放信息并以新方式将信息重组到一起。

3. 反转法可以帮助我们克服害怕犯错的心理,勇敢地尝试未获得充分证实的方法。

14. 反转法

4. 反转的主要目的是启迪思想，通过反转转移到新视角，看看会有什么发现。

5. 有时，反转法本身就很有效。

关于前文提到的交警指挥交通的问题，第一种反转是交通在控制交警。我们从这一观点出发，自然会考虑到随着交通状况的日渐复杂，是否需要配备更多警力，是否需要根据交通状况重新安排警力的分配。我们还会由此联想到交警实际上确实受交通控制，因为他们的行为取决于不同路段的车流状况。交警对路况的反应有多快？对路况的敏感程度如何？对路况的了解有多充分？既然本该控制交通的交警反而受控于交通状况，那么我们为什么不重新组织交通系统，实现交通自控呢？

另一种反转是交警在扰乱交通秩序。由此，我们会联想到自然车流、交通信号灯或交警是否最有效。如果交警比信号灯更有效，什么才是交警所独有的要素？这一要素能否并入信号灯系统？相对于交警不可预见的反应活动，固定模式的方向变化是否更适用于疏导交通？

羊群沿着乡间小路缓慢前行，道路两边是高高的河岸。一辆汽车出现在羊群后方，司机着急地催促牧羊人把羊群赶到路边，让自己的车过去。但牧羊人拒绝了这一要求，因为在如此狭窄的车道上，他不能保证整个羊群都能避开车辆。于是，他使用了反转法。

他要求汽车停下来，然后默默地让羊群掉头，赶着羊群走过静止的汽车。

在一则伊索寓言中，乌鸦喝不到罐子里的水，因为水位太低了。它也思考过将水从罐子里倒出来，但最后还是决定用东西填进罐子里。它把鹅卵石丢到罐子里，使水位不断上升，直到自己喝到水为止。

有一位公爵夫人体重严重超标。之前的每一位医生都尝试帮她节食减重，但这些医生一个接一个地被解雇，因为他们制定的食谱总是让她处于饥饿的状态，实在难以忍受。最后来了一位对这位夫人关怀备至的医生，和其他医生不同，他告诉夫人，你吃的东西太少，无法满足庞大的躯体所需的养分。于是，他建议夫人饭前半小时喝一杯加糖的牛奶（而这杯牛奶会在很大程度上减小她的食欲）。

一个富翁希望女儿能嫁给最有钱的追求者，但女儿却爱上了一个穷学生。她找到自己的父亲，表示自己也希望能够嫁给最有钱的追求者，但要如何判断哪位追求者最有钱呢？不能让他们用礼物来展现财富，因为他们为赢得她的芳心，完全可以借钱买礼物。所以，女儿建议父亲送给每位追求者一笔钱，看这笔钱给他们的日常生活方式带来怎样的变化，这样就能判断出他们的财富情况了。父亲直夸女儿聪明，并按照女儿的主意给了每位追求者一笔钱，而女儿就带上这笔钱和自己的心上人私奔了。

上述每个例子都证明，简单的反转会带来大效果。大多数情况下，反转本身可能作用不大，但它能引发的想象意义非凡。我们应该养成习惯，反转看待问题，然后看看会发生什么。即使什么都没发生，我们也没什么损失，而且挑战看待问题固有方式的过程也一定会让我们有所收获。

练　习

反转及不同类型的反转

给学员描述若干情境，要求每位学员尝试反转，反转方式越多越好。将他们的回答收集起来，然后将不同类型的反转一一列出，挑出最显而易见的和最有独创性的类型进行点评。

也可以布置一个供反转的主题，鼓励学员自由发言，并随时将学员发言记录在黑板上（并补上自己的建议）。

可选的主题包括：

- 老师指导学员。
- 环卫工人。
- 送奶工送奶。
- 去度假。

- 工人罢工。
- 店员帮助顾客。

评语

有时候,反转可能看起来很荒谬,即便这样也无妨,练习荒谬和练习反转的过程同样有意义。在上述例子中(老师也可以想些其他例子),反转的对象不只是既定陈述,也可能是题目本身的某个方面。例如,"去度假"反过来可以是"假期到了",或者,我们也可以将假期理解为"换个风景看看"。这样,假期反过来就是"一成不变的生活环境"。

反转的结果

这个练习的内容是观察原始的情境和反转的结果,看看反转法给我们带来了什么。这个练习最好全体学员一起做。老师给全体学员描述情境及反转的结果,然后鼓励学员主动发言,分享反转为我们打开的新思路。例如,从"假期也可能难逃一成不变的生活环境"这一想法出发,可以引申出"远离压力,不必再做决定,不必再努力适应"的想法。

一开始,将情境反过来之后可能也很难再引申出其他想法,因此,这个练习适合在开放的课堂环境中进行,而不是让学员一个人苦思冥想。一旦抓住了练习的思路,所有学员都会积极发言。这时,就可以要求每位学员独立对情境进行反转,并沿着由此引申出的思路不断深化。在最后的点评阶段,老师不能只局限于思考的最终成果,而是要追溯整个思路的发展轨迹。鉴于这个原因,老师应该鼓励学员将自己的思考过程记录下来。

15. 头脑风暴

本书写到这里，已经介绍了水平思考的一般原则以及练习和应用这些原则的特定技巧。头脑风暴为水平思考的运用提供一个正式的环境，它本身不是特定技巧，而是鼓励人们应用水平思考原则和技巧的特定环境。这个环境能让我们摆脱刻板的垂直思考。

前面章节介绍的技巧读者可以自己学习、应用，练习环节需要老师和学员的互动。而头脑风暴则是一项集体活动，但不需要老师任何形式的干预。

头脑风暴的主要特点包括：

1. 交互刺激。
2. 延迟判断。
3. 正式环境。

交互刺激

分解法和反转法都是推动头脑想出更多点子的方法。我们需要先对信息进行重新编排，基于此来进一步拓展思路。对信息的重新编排是一种刺激性行为，能产生一定的效果。在头脑风暴会议中，这种刺激来自其他人的想法，因为这些想法来自外部，不是自己的，所以更能有效地激活思路。它们即便造成了误解，也能提供有效的刺激。某个想法在一个人看来可能是显而易见的或微不足道的，但它和另一个人的想法结合起来，就能形成独到见解。这样的情况并不少见。在头脑风暴会议中，参与者在给予他人刺激的同时，也在接收来自他人的刺激。另外，鉴于每个参与者都有自己的想法，所以整个群体在看待问题时局限于某一种特定方式的可能性很小。

在头脑风暴会议中可以安排记录员或使用录音设备来记录想法。隔一段时间再重温这些想法，寻找新灵感。虽然想法是老想法，但随着环境的变化，老想法也可能产生出新的刺激效果。

头脑风暴会议中产生的想法虽然与当时讨论的具体问题相关，

15. 头脑风暴

但仍可用作随机性刺激，因为它们与倾听者的思考模式差异很大。我们将在后续章节探讨随机性刺激的重要意义。

延迟判断

我们在前文讨论过延迟判断的重要性。头脑风暴会议提供了一个正式的机会，让人们不惧嘲笑地大胆分享观点，因为在头脑风暴会议中，任何想法都能被接受，没有任何想法会被认为是荒唐的、上不了台面的。在头脑风暴会议中不要尝试评价某个想法，这一点至关重要。

评价性的表达方式包括：

"这个办法永远行不通，因为……"

"但你要如何解决……问题呢？"

"大家都知道……"

"这个办法我们已经试过了，没有任何效果。"

"你要如何实现……？"

"你漏掉了很重要的一点。"

"这是个荒谬的、不切实际的想法。"

"这种方法成本太高了。"

"这种想法不会有人接受。"

人们会有这样的评论很正常，但如果允许这样的评论在头脑风暴会议中出现，头脑风暴就会失去意义。参与者不仅不能评价他人的想法，也不能评价自己的想法。主持人的工作就是阻止任何评价性的发言。从一开始，他就应该明确指出评价是不被允许的。

在头脑风暴进行过程中，主持人只要用"这是评价性语言"来阻止就可以了。

我们还要防备的一种评价形式是关于想法新颖性的评价。头脑风暴的目的是形成有效的想法，有效想法通常指新想法，召集者的目的往往就是获得新想法。但实际上，头脑风暴会议并不是为了寻找新想法。在头脑风暴进行过程中，参与者也可能回想起一个被遗忘已久但最终被证明非常有效的旧想法。

关于想法新颖性的评价可能会包含这样的句子：

"这不算新观点。"

"我记得前一段时间读到过这个理念。"

"美国已经在尝试这种方法了。"

"几年前就有人在采用这种方式了。"

"我也想到了这个办法，但最后还是放弃了。"

"这个想法到底有什么新颖之处呢？"

为抵制这种倾向，主持人要说："永远不要考虑想法是否新颖，我们先收集想法，再考虑新颖性的问题。"

正式环境

水平思考是一种思考态度，也是一种思考方式，但它并不是什么特殊技巧，也不需要正式环境。而头脑风暴会议的价值就在于正式的环境，环境越正式越好，因为越是正式的环境越能孕育出不拘小节的想法。大多数人的垂直思考习惯都根深蒂固，所以他们在水平思考时会觉得束手束脚。尽管他们也认可水平思考对拓展思路的重要作用，但还是会抗拒犯错或犯傻。头脑风暴会议组织得越专业，参与者抛开约束的可能性就越大。和一般的思考方式相比，头脑风暴会议更容易让参与者接受"一切想法皆有可能"的思考方式。

在这种正式的环境中，我们可以运用之前介绍的所有其他技巧来重建模式，也可以运用后文将探讨的技巧。我们可以尝试将问题分解成多个部分再重新组合，也可以尝试逆向思考。我们不必感到不好意思，也不必向任何人解释。这个正式的环境赋予了我们权利，让我们可以自由地放飞思想，不必理会别人的批评意见。

头脑风暴会议的形式

参与人数

没有所谓的理想人数。12 人很合适，但少到 6 人、多到 15 人的头脑风暴会议效果也都不错。6人以下的头脑风暴经常会演变成辩论会，而超过15人就会让参与者没有充分的发言机会。如果人数过多，可以将参与者分成多个小组，最后各小组交换意见。

主持人

主持人的工作就是引导会议顺利进行，但不要以任何方式控制或设计会议的进程。主持人的具体职责如下：

1. 主持人要叫停任何尝试评价或批评他人观点的行为。

2. 主持人要避免参与者同时发言（有些参与者可能不断被爱出风头的同伴抢话；主持人要注意给所有人发言的机会）。主持人不需要点名，参与者可以想说时再说。主持人也不必要求参与者依次发言。如果大家长时间沉默，主持人可以点名某位参与者表达自己的想法。

3. 主持人要确保记录员将所有想法都记录了下来，必要时需要重复甚至归纳参与者的观点（但对发言的总结必须得到发言者本人的认可）。主持人可能被要求判断某个观点是否已经出现过、是否还要重新记录。如果存在疑问，或者发言人坚持认为有不同之处，就必须记录。

4. 主持人需要在会议陷入僵局时贡献自己的想法，也可能要求记录员阅读记录好的清单。

5. 主持人可以提出解决问题的不同方法，也可以建议运用不同的水平思考技巧来启发看待问题的新方式。比如，主持人可以说："让我们反过来看这个问题。"当然，其他人也可以提供建议。

6. 主持人要界定核心问题，并不断把跑题的思路拉回来。这项工作难度很大，因为与主题明显不相关的异想天开的想法或许反而能有效地启发思路，我们也不想将参与者的思路限制在某个显而易见的观点上。对于这个问题，有一条指导性原则，就是一次异想天开可以接受，但如果发言不断跑题，导致小组的思绪整体跳跃到一个完全不同的问题上，主持人就要坚决叫停。

7. 主持人可以选择到一定时间就喊停，也可以选择在整个会议陷入低潮后叫停，以时间较早者为准。不要因为进展顺利就无限延长会议，因为这样做可能会让参与者产生厌烦情绪。

8. 主持人还要组织对想出的想法进行评估和展示。

记录员

记录员的作用就是将头脑风暴会议进行过程中产生的想法转化为一份能长期保存的清单。这项工作并不容易，因为它要求记录员将模糊的想法整理为便于操作的笔记形式。另外，记录要能让人看懂，不只是在会议结束后的当下能看懂，即便隔了一段时间后人们忘记了当时的情景，也仍然能从记录中看懂当时产生的新想法。记录员写字要快，因为发言通常一个接一个地跟得很紧。记录员可以要求主持人暂停会议，等自己跟上进度，也要询问发言人是否认可自己对其观点的归纳总结（比如，我们能不能将其归纳为"更灵活的交通信号灯系统？"）。

记录员还要判断是否需要将某个想法加到清单中，判断之前是否出现过类似的想法。如果不确定，可以征求主持人的意见。保留两个相同的想法总比漏掉某个想法好，因为雷同的想法之后可以删掉，但被遗漏的想法可能一旦错过了就永远错过了。

记录一定要立即可以读取，因为主持人随时可能要求记录员将清单读出来。记录工作并不是在头脑风暴会议结束之后再小心地重新誊写。

也可以给整个头脑风暴会议录音，因为这样就可以通过回放在新的背景下重温之前的想法，进而启发新想法。但即使采用录音的方式，也必须保留记录员这个角色，因为即使有录音，也需要有人在头脑风暴过程中的某些时点对发言内容进行总结，并将清单大声读出来。

时长

一次 30 分钟足够了。很多时候 20 分钟就够用，45 分钟是上限。在参与者还有很多想法时就叫停，也比硬逼着把他们的最后一个想法都榨出来要好。要禁止头脑风暴会议进展顺利就不断延长时间的做法。

15. 头脑风暴

热身

如果小组成员不熟悉这种方法，可以安排一个 10 分钟的热身环节（即便成员熟悉这种方法，也可以安排热身环节）。可以在热身环节布置一些简单的小问题，如浴缸水龙头的设计、公交车车票、来电铃声等。热身环节的目的就是展示参与者应该提出什么样的新想法，同时表明评价行为是被禁止的。

跟进

头脑风暴的主要环节结束后，参与者可能还有很多和主题相关的想法。可以要求每位参与者将后续想法整理成清单发回，以便将想法收集起来。如果有复印设备，还可以将头脑风暴过程中形成的想法的清单分发给所有参与者，并在清单上注明要求，请参与者在页底补充更多想法。

评　价

如前文所述，不要在头脑风暴的进行过程中尝试评价观点，因为任何评价性的语言都会扼杀自由思想，导致整个会议变成批判性分析会。评价工作应安排在会议结束后，由当时参与的小组或其他小组来完成。即使探讨的问题是虚构的，设置评价环节也很有必要。因为如果跳过评价环节，整场头脑风暴会议就会成为一次毫无意义的练习，没有任何价值。评价环节能筛选出有用的想法。评价的主要目的包括：

1. 挑选出能直接应用的想法。

2. 从错误或荒谬的想法中提炼出有价值的部分，概括总结为有用的想法。例如，在探讨铁路交通问题的头脑风暴会议中，有人提出可以在火车车顶上方架设轨道，这样两车相遇时，其中一辆就可以从另一辆上方悬空通过。有价值的部分可以概括为：更充分地利用轨道，更好地利用火车车厢的车顶。利用磁铁将苹果从树上拉拽下来的想法，可以理解为寻找某种方法以成批地采摘苹果，而不是逐个采摘或预先对果树进行处理以达到方便采摘的目的。

3. 将有价值的想法、问题的新方面、考虑问题的新方式和要考虑的其他因素整理成清单。它们不是解决问题的最终答案，只是解决问题的途径。

4. 选出一看就不对但很容易尝试的想法。

5. 选出表明还需要针对某些方面收集更多信息的想法。

6. 选出实际上已经尝试过的想法。

评价环节结束时应该形成三份清单，分别列出：

1. 即刻可用的想法。

2. 有待进一步探讨的想法。

3. 处理问题的新方法。

评价环节并不是机械的筛选，因为参与者需要通过一定的创造性活动在舍弃某一想法之前提炼出其中有用的部分，或挖掘出看起来应被舍弃但深化后却能转化为重要思想的想法。

问题的表述

任何问题都可以成为头脑风暴会议的主题，但问题的表述方式在很大程度上决定了问题能否成功解决。

如果问题的表述过于宽泛，虽然引申出的想法多种多样，但它们彼此间的联系过于松散，无法形成刺激思路的连锁反应，而这种连锁反应恰恰是头脑风暴的基础。例如，如果将问题表述为"改善交通管理"，就显得过于宽泛。

而如果问题的表述过于狭窄，就会限制思路，导致整个头脑风暴会议生成的想法不是针对问题本身的，而是针对问题的某种特定处理方式的。比如，如果将问题表述为"改进交通信号灯系统"，就无法获得以信号灯系统之外的其他方式实现交通管理的想法。征集到的想法甚至可能和利用信号灯系统来改善交通毫无关系，因为参与者关注的重点可能是如何简化信号灯的生产和保养以及提升信号灯的稳定性，而不是信号灯的重要功能。

主持人要负责在头脑风暴会议一开始就阐明问题，并在进行过程中不断重复这一问题。如果事实证明问题表述不当，可以由主持人本人或小组其他成员来提出更好的表述方式。例如，将上述问题表述为"以现有道路系统为基础改善交通状况的方法"更为恰当。

示 例

整理稿 1

有一场头脑风暴会议探讨的主题是茶匙再设计，部分记录如下：

……改成橡胶勺。

……茶匙的次要功能是把糖从糖罐里转移到茶杯里，现在这项功能已经基本消失。所以，我觉得将茶匙改造成打蛋器的形状应该能提高搅拌效率。

……（写下打蛋器。）

……还可以制作成电动的。

……可以配上音乐盒，提升产品的艺术感。

……可以改造成吸管，拿着吸管的顶端将它插入糖中，于是糖被吸起来，然后分散在茶杯中，但这样就完全失去了搅拌的乐趣。

……回到打蛋器的想法，我觉得它应该是螺旋状的，而不是像电动调酒棒那样。也就是说，轴心的部分应该是中空的……

……（我能插一句吗？你现在是在介绍制作细节了，这并不是

15. 头脑风暴

我们这个会议的主题。)

……没有,我只是在描述这个东西应该是什么样子的。

……(你能不能描述得再简单一点儿?)

……会旋转的茶匙?

……不是,它有个螺杆,就是那种螺旋桨性质的螺杆。

……用的时候要上下移动吗?

……不用,它是电动的,你按下顶端的按钮就可以了。

……这听起来太复杂了。我的想法是对普通的方糖夹进行改造。每个人都给一个方糖夹,方糖夹有两头,一头用来夹方糖,另一头用来搅拌,用起来和茶匙一样方便。

……这样不是只能用方糖了吗?

……是的,小块方糖,但想放多少块都可以。

……(这里应该如何记录?)

……夹子。

……设计成这样行吗?就像有些烟灰缸那样,按一下,它就会旋转。可以在茶杯上方放一个东西,按一下,它就会释放一些糖,落在茶杯里,同时开始旋转,将糖搅拌均匀。

……如果搅拌的过程是一种乐趣,我们应该使用一些极不易溶解的糖,这样不喜欢甜口的人也可以享受搅拌的乐趣。

……用糖做一个一次性的茶匙。

……放置于茶杯中可以上下移动的装置，它的里面有糖，如果不想加糖就让盛糖的开口关闭。

……我觉得做成电动的不错，但不要用电池或其他电源供电，而是利用人体的静电。

……做成螺杆，采用旋翼飞机的原理，随着螺杆上下移动，茶杯中的液体就会旋转起来。

……就好像陀螺一样。

……一张会震动的桌子，任何东西放在上面都会跟着一起动——放不放糖都一样。

……如果将搅拌棒事先浸在糖液里怎么样？

整理稿 2

这次头脑风暴会议的主题是如何改良挡风玻璃雨刷的设计，避免因为积水或积灰而影响视线。

……对传统的挡风玻璃雨刷进行改造，让水或其他清洗剂从雨刷臂流出，而不是从另外一点喷射到玻璃上。

……旋转的离心盘。

……就好像船上用的那种？

……没错。

……干脆去掉挡风玻璃怎么样？换上任何尘埃或水都无法穿过的高速气流。

15. 头脑风暴

……雨刷能从挡风玻璃的一侧移动到另一侧，或从顶端移动到底端，移动速度由司机控制。

……使用能让灰尘透明的液体，这样就没有除尘的必要了。

……一种类似于百叶窗的屏，它可以在旋转时进行自我清洁。

……电动加热挡风玻璃，能让水分直接蒸发。

……使用雷达，车辆可以自我控制。

……一种快速移动的挡风玻璃，上升过程中喷射液体，下降过程中把液体擦掉。

……使用超声波。

……要求所有车辆都必须安装挡泥装置。

……开发两种磁铁，安装在挡风玻璃底部，一种专门用来吸水，另一种专门用来吸尘。

……直接让雨水从车顶流走，这样雨刷就没那么必要了。

……使用液态流动的挡风玻璃。

……设计一种永远处于运动状态的挡风层？

……震动。

……把汽车做成圆形的，挡风玻璃围绕圆心转动，转动过程中雨刷擦过。

……在挡风玻璃雨刷里安装喷头。

……（我想我们已经记录过这个想法了，就是在雨刷器里面安装喷头。)

……可以对传统的擦洗工具进行改造,比如尝试旋转的海绵和雨刷。

……将整个水幕从挡风玻璃上冲下,从车上去掉擦洗工具。

……(讨论到这里,我们已经开始淘汰雨刷了。假设我们只是想改良雨刷,而不是将它完全淘汰掉,我们能不能在水压上做点文章?)

……用高压水柱冲击顽固的灰尘,将玻璃完全冲洗干净。

……尝试使用半挡风玻璃,这样司机就不是透过玻璃向外看,而是穿过缝隙向外看。

……可以安装3根、6根、8根或者任何数量的雨刷,让它们沿着挡风玻璃底部、顶部或者侧面摆动。

……让两块传统的挡风玻璃上下交替移动,在上下移动的过程中经过雨刷。

……制作旋转的挡风玻璃,它的一部分会运动到底部进入里面被清理干净,这样你面前的玻璃就永远都是干净的。

……可以在清洗试剂上做文章。你可以根据实际情况选择清洗试剂,比如专门用来清除油渍的试剂。

……还可以使用潜望镜向外看,这样就不会受灰尘的影响了。

……利用百叶窗的原理。

15. 头脑风暴

……使用双层玻璃，中间用水隔离，前面一层玻璃布满小孔，水流可以透过小孔不断涌出。

……添加一层滤网，这样大多数灰尘在接触到挡风玻璃之前就已经被过滤掉了。

……改变驾驶员的位置，调过来坐在后座上驾驶。

……在隧道里行车。

……在车内安装反映车外路况的显示器，这样驾驶员根本不需要向外看。

……在普通雨刷基础上增加变速功能，速度根据车速或挡风玻璃的透光量自动调节。

……安装多层挡风玻璃膜，最外层积灰后可以直接撕掉。

……挡风玻璃表面可溶解，遇水后不断溶解，保持表面洁净。

……用冰来制作挡风玻璃，随着冰不断融化，玻璃表面永远洁净如新。

……开车出去之前先在挡风玻璃上贴一层可溶解的物质。

评语

主持人的发言已用括号标出，而其他成员的发言未加区分。有些建议很荒唐，有些建议却合理而可行。我们可以从整理稿中看出思路发展的过程。参与人员几乎没有做出任何评价他人想法的尝试。几乎每条发言都代表一个新想法。

练 习

将全体学员分成人数合适的小组以开展头脑风暴练习。每个小组选出主持人。如果选不出来，可以由老师指派。每个小组还要选出一名记录员，最好再有一名助理记录员，等会议进行到一半时接替记录工作。

介绍头脑风暴会议的总体原则时要重点强调以下几点：

1. 不批评、不评价。

2. 想法无论多不正确、多荒唐，都可以分享出来。

3. 不要长篇大论地把想法展开来说，只要用几句话概括就可以了。

4. 给记录员记录的时间。

5. 听主持人的话。

先给每个小组布置一个主题，给他们 10 分钟热身。之后直接进入 30 分钟的正式头脑风暴会议。

老师可以轮流到每个小组旁听，但最好不要过多干预。旁听过程中不要评论，但可以将想法记在心里，供后续讨论之用。只有在有人试图评价或批评他人的想法时才站出来干预。

头脑风暴结束后将各个小组集合到一起。各小组记录员轮流朗读想法清单，老师可以在这个环节做出如下评述：

15. 头脑风暴

1. 点评头脑风暴的过程本身，强调过程中总有成员忍不住评价，或者成员表现得太胆小，不敢大胆表达自己的想法。

2. 点评想法清单，指出哪些想法类似、哪些想法缺少原创性。

3. 点评想法的基调。有些想法可能很合理，有些却很荒唐。如果所有想法都过于严肃，老师可以指出，整个过程中应该有一些大胆到令人不禁发笑的想法。

4. 接着，老师可以针对讨论的问题补充一些自己的想法和建议。

老师可以在点评想法清单的过程中挑出一些比较大胆的想法，进一步证明这样的想法也是有价值的。先提炼出这种想法中有用的部分，在此基础上深化思路。

老师应该鼓励学员形成这样的整体印象：整个头脑风暴会议是一个启发思想的过程，参与者应该在这个过程中放下包袱。实际练习中，总有些人因为事先知道自己的想法能在整个班级大声朗读而有心炫耀或者故意耍宝。老师要尽可能处理好这种情况，在遏制这种想法的同时不要打压学员大胆思考的积极性。有一种解决办法，就是要求学员进一步解释他们的想法。

头脑风暴可以讨论下列问题：

- 货币的设计。
- 运动场不够用。

- 考试有没有必要。

- 海底采矿。

- 丰富电视节目,照顾到所有收视人群的需求。

- 把沙漠变成绿洲。

- 房屋供暖。

头脑风暴的要求,是寻找解决问题的方式、解决问题的新方式和解决问题的更好方式。上述例子只是建议,老师应该能想到更多问题。

对收集的想法进行评估

评估会议不能和头脑风暴会议安排在同一天。最好大家集体完成,所有想法都要逐个考虑,充分挖掘它们的直接或间接价值。

老师可以将想法分为以下几类:

1. 直接有用的想法。

2. 有趣的想法。

3. 有待进一步检验的想法。

4. 舍弃的想法。

除了这种笼统的评估之外,还可以将头脑风暴会议的想法清单一次几条地写在黑板上,让全体学员一条一条地投票。最后将所有评估结果集中比较，看每条想法获得的票数有多少。

评估会议是头脑风暴会议的必要组成部分，却不是重要组成部分。评估更贴近批判性分析和垂直思考，所以老师应该重点强调头脑风暴会议本身，而不是后续的评估会议。

重要的是，评估时应该避免给学员留下错误印象，不要让他们误以为大胆思考只在头脑风暴过程中有用，在其他情况下都没有太大的实际价值。这种印象会将学员的思路局限在实用、严肃、合理的想法上，这种想法虽然本身有价值，但无法启迪新想法。评估最重要的目的之一，就是向学员证明，即使是最大胆的建议，也能引申出有用的想法。

总　结

头脑风暴的意义体现在这种正式环境能鼓励参与者的水平思考，体现在这种集体活动能达到交叉刺激想法的目的。除此之外，头脑风暴并没有任何特别之处。有些人将创新思考和头脑风暴画等号，这就相当于将某个基本流程和有助于使用这一基本流程的一个小环境画等号。也许头脑风暴最重要的价值就在于它的正式性。我们在刚开始使用水平思考时，需要有一些特定的环境来辅助练习，适应以后就不太需要这种环境了。

16. 类比法

要重组模式,就要以崭新的方式看待问题;要形成新想法,必须先要有想法。水平思考的两大问题是:

1. 让大脑先转起来,深化想法,形成思路。
2. 摆脱不言而喻的、显而易见的、墨守成规的思考路线。

我们目前探讨的方法都和启发思路有关。类比法也是如此。

类比的使用

被类比的事物本身只是一个简单的故事或情况,只有和其他事物放在一起比较时才能构成类比。这个简单的故事或情况必须是我们所熟悉的,它的发展轨迹也必须是我们所熟悉的。观察的对象必须是发生的事件、进行的流程或者是某种特殊类型的关系。情况本身或我们看待情况的方式必须有发展与变化。比如,煮鸡蛋是一项很简单的操作,但也包含了发展过程。我们要将鸡蛋放在一个特别的容器中加热,为了让热气和鸡蛋更好地接触,我们要使用某种液体。这种液体同时还起到了避免温度过高的作用,在这个过程中,鸡蛋本身的属性变了。这种变化是逐步的过程,与鸡蛋停留在特殊环境中的时间长度成正比。不同的人口味不同,所以他们希望这个过程持续的时间也不同。

关于类比很重要的一点在于,类比是有"生命"的,这可以通过实际物体直接表现出来,也可以通过过程表现出来。提到煮鸡蛋,我们可以谈到将鸡蛋放在盛水的奶锅里,煮四分钟后达到蛋白凝固、蛋黄仍然可以流动的状态。或者,我们可以谈到在特定条件下,物体的状态随时间推移而不断改变。类比是关系和过程的载体,关系和过程体现在熟鸡蛋这种实际物体里,但可以一般化,扩展到其他情况中。

类比不需要很复杂,也不用过长,简单的活动就够了。比如,收集蝴蝶标本是一种特别的爱好,但这个过程可以扩展到很多其他话题中,如稀有程度、供应与需求、信息和寻找的过程、美丽和珍贵的关系、破坏自然以满足自己的爱好等。

16. 类比法

类比可以用于推动思路。从考虑的问题联想到类比对象，然后再按照类比对象自身的发展路线逐步推进。在每个阶段都重新回归原始问题，这样问题就随着类比的推进而推进。在数学领域，我们将事物转化为符号，然后用这些符号进行各种数学运算。在运算过程中，我们会忘记符号的真正意义。得出答案后我们再将符号重新转化回去，这样我们就从原始条件推导出了最终结果。数学运算是推演原始问题的途径。

类比的用法和符号一样。我们可以先将问题转化为类比对象，然后再利用类比对象来推演。推演结束后，我们再将类比对象转化回去，看从原始问题推导出了什么结论。有时将类比对象和原始问题同时推演会更有效。将类比推演的过程或关系再转换回实际问题中去。

例如，我们可以用雪球从山上滚落的类比来探讨谣言的传播过程。雪球从山顶滚落的途中，滚得越久就会变得越大（谣言传播的时间越长，影响就越大）。雪球不断变大，是因为沾了越来越多的新雪（知道谣言的人越多，谣言扩散的范围就越广）。但雪球要想变大，必须得有积雪不断补充进来。推演到这里，我们也搞不清楚到底应该将雪球的体积和谣言知情者的人数类比，还是和谣言的影响力类比。地面上的积雪对应的是被谣言影响的人，还是愿意相信这种谣言的人？类比逼迫思考者认真审视问题本身。一个大雪球，或者是一场雪崩，可能会造成严重后果。但有了预警，我们就可以避开（谣言也可能造成严重后果，但如果我们事先得到预警，是不是也能躲避谣言、阻止谣言或转移舆论方向？）。

类比的这种用法和类推论证截然不同。在类推论证中，我们假设类比事物按某种方式发展，则问题事物也必然按同样的方式发展。而水平思考中类比的用法完全不同，正如前文所述，我们使用类比不是为了证明任何结论，而是借助类比形成更多想法。

类比的选择

有人可能想当然地认为，类比只有选得合适才有用。但事实并非如此。类比不一定要合适到严丝合缝。有时类比不合适反而更好，因为思考者会努力寻找类比和问题之间的联系，在这个过程中可能会诞生看待问题的新方式。类比相当于一种启发性的工具，能用来逼迫思考者以一种全新的方式看待问题。

总体而言，类比对象应该选择很具体、很熟悉的情况，包含大量发展变化，而且发展轨迹必须是明确的。类比本身不需要含有太多过程、功能或关系，因为这些都能在类比的过程中产生出来。

类比对象甚至不需要是现实生活中的真实情况，虚构的故事也可以，但前提是故事本身的发展轨迹是明确的。

比如，若要用类比法来说明垂直思考的问题，那么我们可能会选择在地上埋一个窄口的坚果罐子就能抓到猴子的故事。猴子被吸引过来后，会将爪子伸到罐子里，抓上满满一把坚果。但罐口太小，只能容空空如也的猴爪通过，而抓满坚果的猴爪根本过不去。猴子不甘心放弃爪子里的坚果，所以最后就被困住了。

垂直思考时，我们会紧握住看待问题的最明显方式不放手，因为这种方式曾经被证明有效。而我们一旦紧紧握住，就会被困住，因为我们不甘心放弃这种方式。类比中的猴子应该怎么做呢？它应该对坚果罐视而不见吗？这就好比拒绝探讨新问题。它应该否认坚果对自己的诱惑吗？因为担心某种事物在偶然情况下可能带来的伤害就完全否定它的价值，是愚蠢的做法。如果猴子一开始没有注意到坚果罐会不会更好？命运提供的保护，是一种最不可靠的保护。最好的发展，应该是猴子看到坚果后在抓坚果的过程中发现这是个陷阱，于是开始寻找得到坚果的其他方法——或许可以将整个坚果罐从土里挖出来，然后倒空。所以说，垂直思考的主要危害并不是使得思考者被显而易见的方式困住，而是没有意识到自己被困住的事实。所以我们并不是要避免垂直思考，而是要在运用这种思考方式的同时，清醒地认识到有必要摆脱看待问题的某种特定方式。

练 习

演示

为了明确本练习的目的，老师在练习一开始可以布置一道具体问题，选择某一类比对象，在推演类比的过程中不断探讨它与问题的关联，并在黑板上演示出来。老师可以接受学员的建议，但不需要主动要求学员发言。

寻找类比对象与问题的关联

老师给全体学员布置同样的问题，在黑板上推演类比，并鼓励学员主动发言，探讨类比对象的每个具体发展和原始问题有什么关联。

独立作业

这个环节仍由老师来负责类比的推演，但要求每名学员独立寻找推演与问题的关联并在纸上写下自己的观点。最后将所有观点收上来，由老师点评。点评的切入点可以包括：

1. 类比和问题之间的关联方式可以是多种多样的。

2. 问题发展的连贯性和不连贯性（类比对象的某项特征是会永远对应问题的同一个特征，还是会发生变化？追求连贯性并没有什么特殊意义）。

3. 探讨类比对象的每个细节与问题的联系，就会让推演思路更发散，如果只局限在一些主要特征上，推演思路会受限制。

功能、过程、关系

本环节中，老师以具体的方式推演类比，而学员则（独立地）

16. 类比法

从功能、过程和关系的角度入手，以概括性的方式重复类比。本环节练习的是将类比对象中的事物抽象化。

抽象化练习的可选类比对象包括：

- 洗澡。
- 煎土豆。
- 寄信。
- 尝试把一团绳子理顺。
- 学游泳。

选择类比对象

给每位学员发一份问题或情况的清单，鼓励学员主动发言以探讨清单上的每道问题可以对应什么类比对象。要求每位学员简要地解释自己的发言，阐明类比对象如何与问题呼应。

本练习可选问题包括：

- 设计能带来变化的机器。
- 让购物变简单的方式。
- 服装改良。
- 保证城市水供应充足。
- 如何处理报废汽车。

设定问题

给全体学员布置同样的问题，要求每位学员自行选择类比对象，并探讨类比对象与问题的联系。结束后将所有观点收集上来进行点评。老师在点评过程中可以比较学员选择的类比方式有何不同，也可以比较不同类比对象强调的问题层面有何不同。有时也可能从完全不同的路径推导出同样的结论观点。

同样的问题，不同的类比对象

给全体学员布置同样的问题和不同的类比对象。本练习可以作为集体作业。老师将学员分成若干个小组，各小组考虑的问题相同，但每个小组拿到的类比对象不同。结束后，由各小组的发言人（相当于头脑风暴中的记录员）总结小组如何将类比对象和问题关联在一起。

推荐问题：

- 大雾天气下找路。

推荐类比对象：

- 近视的人四处找路。
- 身处陌生国度的旅行者寻找火车站。
- 在大房子里找东西（如一团绳子）。
- 玩字谜游戏。

同样的类比对象，不同的问题

与前面的练习一样，本练习可以独自完成，也可以集体完成。布置不同问题，将每个问题和同一个类比对象关联起来。最后交换意见，看看类比对象和不同问题的匹配程度如何。

推荐类比对象：

- 在寒冷的冬日清晨尝试发动汽车。

推荐问题：

- 如何解答复杂的数学问题。
- 救下被困在高楼屋檐下的小猫。
- 钓鱼。
- 拿到火爆足球赛的门票。

总　结

类比法是一种启发思路的简便方法，让我们在寻找看待问题的新方式的过程中不必被动地等待灵感降临。和其他水平思考方法一样，类比法的重点是在看到思路发展方向之前，先让大脑动起来。先将大脑调动起来，再看看能产生什么想法。类比法之所以是一种启发思路的简便方法，是因为类比对象本身是"有生命"的。但使用类比法的目的不是证明某个观点，而是刺激思路。类比对象的主要用途，在于它是功能、过程和关系的载体，这些都可以转嫁到被考虑的问题上，帮助思考者重组问题。

17. 切入点和关注区域的选择

作为信息处理系统，大脑最重要的特征就是有选择能力，选择能力是由大脑这种自我效能最大化记忆系统的机械行为所直接决定的。大脑系统的关注区域有限，而有限的关注区域只能关注一个信息领域的某个部分。获得有限关注的这部分信息领域就是"被选择"或"被筛选"出来的。这实际上是个被动的过程，但我们仍可以使用"选择"或"筛选"这样的词语来描述。我们将在其他章节详细介绍大脑这种有限关注区域的行为及其背后的系统机制。

"关注区域"是情况或问题中获得关注的部分，而"切入点"则是情况或问题中最先获得关注的部分。很明显，切入点是第一个关注区域，之后可能还会出现其他关注区域，也可能不会，取决于情况的复杂程度。

从洞察力重组的角度看，切入点的选择最重要。甚至可以说，如果不继续给大脑系统补充信息，实现洞察力重组的就是切入点。这一事实，是由大脑这种信息处理系统的机制直接决定的。

大脑的记忆表层按照信息到达的顺序创建模式。模式一旦创建，就会"自然地"按照某种方式发展，并且和其他模式关联起来。而水平思考的目的，就是重建模式和重新编排信息，以形成新的模式。

图17-1说明了大脑记忆表层天然的模式组建行为。图中的五种模式分别为：

1. 代表可用信息域。
2. 信息被组织成天然的模式。
3. 天然模式沿着天然的轨迹发展。
4. 在模式发展的过程中会有一个天然的切入点。
5. 原始的信息域中，只有有限的区域被选为关注的对象。关注区域不同，则形成的模式及该模式的后续发展都会不同。

切入点的选择至关重要，因为即便是一模一样的想法，历史信息的顺序也会决定最终结果。这就好比将浴缸注满水，如果你先开热水，再开冷水，最后整个浴室就会充满蒸汽，墙壁也会被沾湿。但如

17. 切入点和关注区域的选择

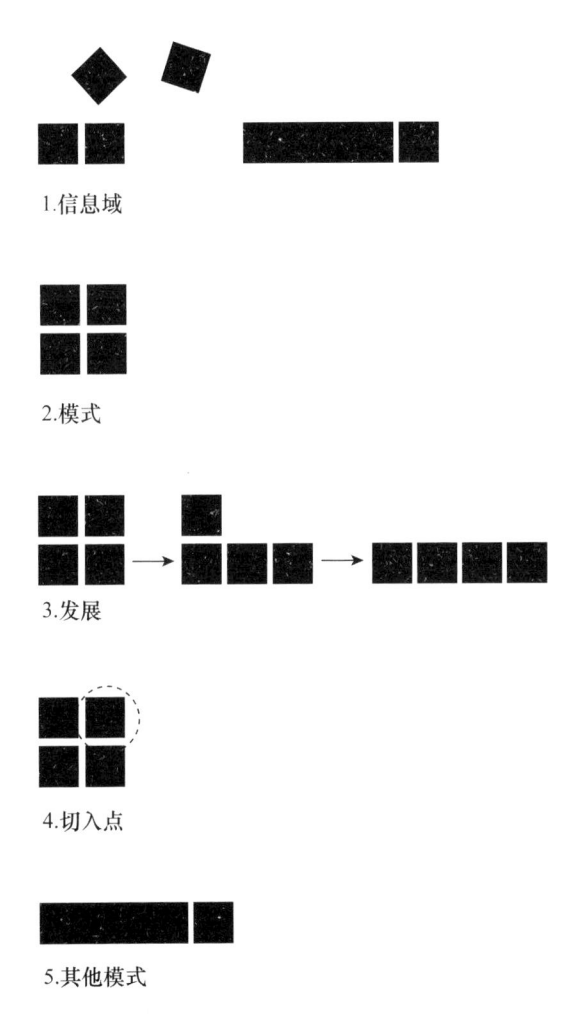

1.信息域

2.模式

3.发展

4.切入点

5.其他模式

图 17－1　大脑记忆表层天然的模式组建行为

果你一开始就同时开冷热两种水，那么浴室里不会有蒸汽，墙壁也不会被弄湿。两种情况下，注入的热水量和冷水量可能是一致的。

即使考虑的实际想法是一样的，最终结论也可能相差很远。实际上，不同的切入点通常会引出不同的思路轨迹。如果先看到一个男子手拿木棒的图片，再看到小狗奔跑的图片，我们可能会联想到男子抛出手中的木棒，让小狗捡回来。而如果先看到狗跑，再看到男子手拿木棒的图片，我们可能就会联想到男子正试图将小狗赶出自己的花园。

切入点

将三角形分成三份后重新组合，形成长方形或正方形。

这道题很有难度，因为条件中并没有明确说明三角形的形状。我们首先要选择三角形形状，然后再探讨如何将其分成三份并重新组合成长方形或正方形。

问题的答案如图 17-2 所示。显然，从正方形入手比从三角形入手要简单得多。因为正方形的形状是确定的，而三角形的形状却是千变万化的（长方形的形状也是多种多样的，但多变程度不及三角形）。因为三部分重新组合起来要能构成正方形，所以我们在解题过程中可以先将正方形分成三份，再重组为长方形或三角形。图 17-2 展示了两种答案。

很多童书里都收录了这样一道问题：三个渔夫的鱼线缠在了一起，其中一条鱼线上钓着条鱼，问到底哪个渔夫钓到了鱼。孩子会

(a)

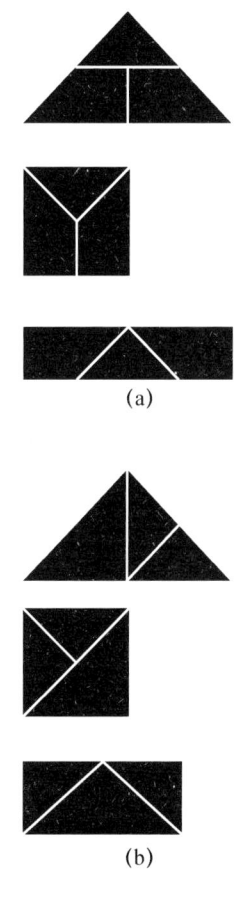

(b)

图 17-2 拼接新形状

自然地从鱼竿的顶端出发,沿着鱼线一路向下,看到底哪条鱼线上有鱼。但这种方法可能要尝试一次、两次甚至三次才能得到答案。因为这条鱼可能在任何一条鱼线上。但如果我们从另一端出发,从鱼开始沿着鱼线寻找鱼竿,就明显简单多了。这种方法只要一次就能找到答案。

有这样一道简单的问题：画一个图形，要求用一条直线就能将图形切割为大小、面积和形状都完全相同的四部分，不许折叠。

常见答案如图17-3所示，各种答案所占比例列在图旁。B组和C组给出的答案明显不对，因为这种切割方式只能将图形分成两份，而不是按题目要求分成四份。

答案D是正确的。但最有意思的是答案F，虽然想到的人很少，但回头看这个答案实际上是最简单的（这说明我们在正向思考时很难想到非对称图形；答案F中的图形更不对称）。但这个问题说明了一个很重要的道理：如果我们从看似错误的一端入手，反而会让问题变得更简单。就这道题而言，我们不必尝试如何设计一个能四等分的形状，而是从四个全等形状入手，将它们沿着一条想象中的切割线组合在一起。最开始，我们可能会按照错误的方式排列，但很容易就会进展到下一个阶段，稍加调整就能得出正确答案，如图17-4所示。

从看似错误的一端切入逆向思考是一种常见的问题解决方法。这种方法之所以有效，是因为能形成和正向思考不同的思路。但并非一定要从结果切入。从结果切入更方便，是因为结果通常更明确。但实际上我们可以随意选择切入点。如果没有明显的切入点，我们就要自己设定一个。

17. 切入点和关注区域的选择

35%　A 不可能

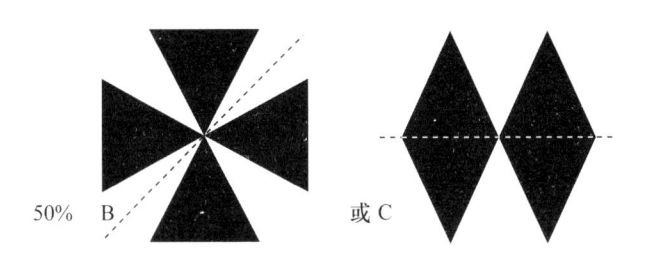

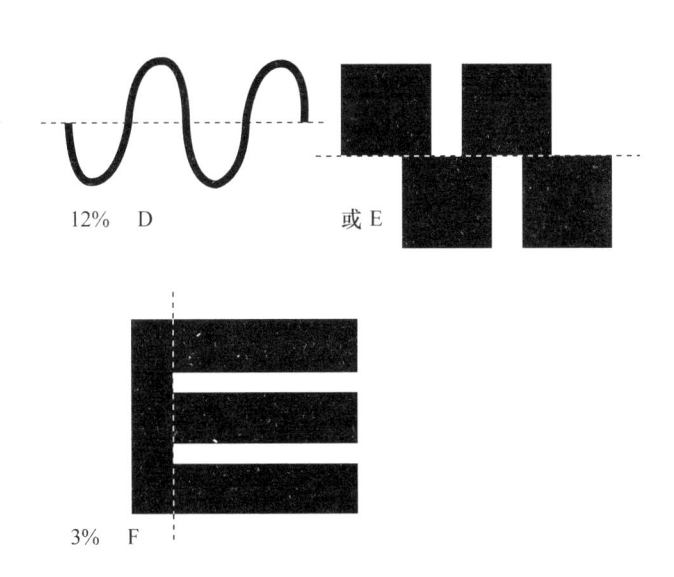

50%　B

或 C

12%　D

或 E

3%　F

图 17-3　将图形切割为大小、面积、形状相等的四部分

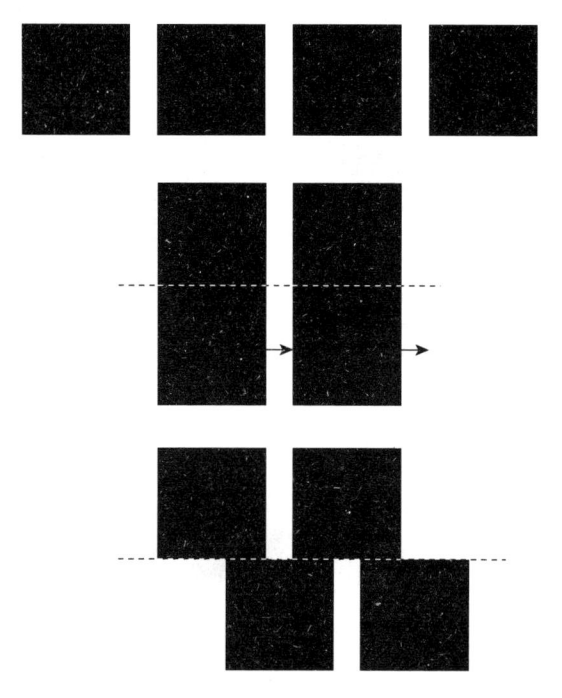

图 17-4　用一条线四等分图形的思维过程

关注区域

切入点实际上就是第一个关注区域。通常情况下，我们的注意力先落在这一点上，最后再延伸到整个问题。但问题最重要的部分有时会被完全忽略掉，只有注意到这些部分，问题才会迎刃而解。

一个福尔摩斯的案件故事中讲到一条狗。华生医生认为这条狗无关紧要，因为它在案发当晚什么都没做。但福尔摩斯指出，这条

17. 切入点和关注区域的选择

狗之所以是重要证据，正是因为它什么都没做。他将关注点从这条狗可能做了什么，转移到这条狗什么都没做的事实上。因为这条狗什么反应都没有，就代表它一定认识凶手。

在莎士比亚的戏剧《威尼斯商人》中，夏洛克要求商人安东尼奥履行协议，割一磅肉给自己。但鲍西亚更聪明，她将关注点从欠夏洛克的肉转移到割肉时一定会出现的血上。协议上并没有规定要给夏洛克一滴血。所以，如果割肉时流下一滴血，夏洛克就会面临重罪被指控。鲍西亚转换了问题的焦点，注意到通常被忽略的因素，最终成功地解决了问题。

图 17-5 中有两个由圆组成的方阵，要求以最快的速度数出每个组合中实心圆的数量。

最明显的解题方式，就是直接数各个组合中的实心圆数量。但第二张图中，将注意力放在空心圆上反而简单很多。我们先用行数乘以列数，得出所有圆的总数，然后再从总数中减去少数几个空心圆，就得出了实心圆的数量。

一场网球锦标赛共有 111 名选手参赛。比赛形式是单打淘汰赛，作为组委会秘书，你要安排赛次。问题是，至少应该给这些选手安排多少场比赛？

大多数人拿到这道题后都会画图表示每场比赛的实际对阵情况和轮空的数量。还有人会使用 2 的 n 次方（4，8，16，32，…）这种

水平思考

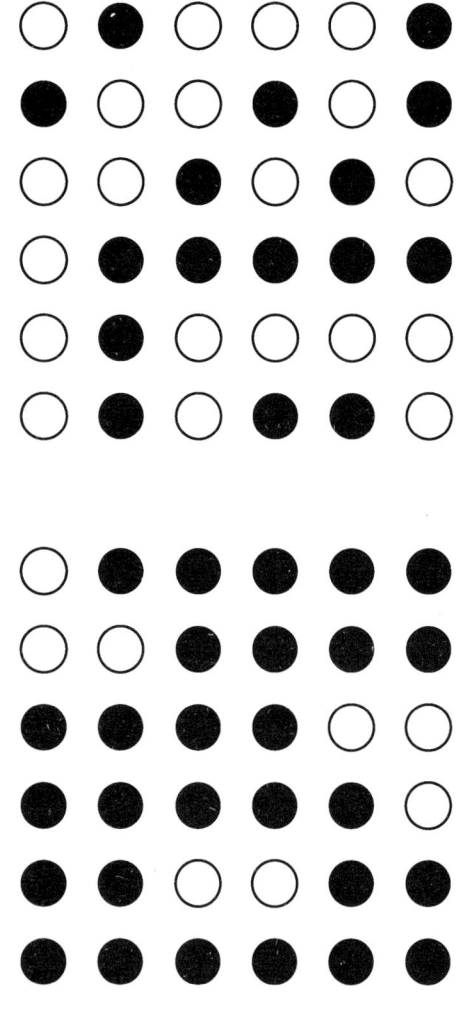

图 17-5　数出实心圆数量

排列组合法解题。但要得出答案，我们必须将注意力从每场比赛的获胜者身上转移到失败者身上（虽然失败者很少获得关注）。因为比赛最终仅剩一名获胜选手，所以必须有110名选手失败。每一位失败选手只能输一次，所以要有110场比赛。

最后一道题说明了转换切入点的重要性。但事实上，我们常常全然不会考虑失败者。很多情况下，重要的不是获得关注的各部分的顺序问题，而且选择关注哪些部分的问题。如果某一部分一开始没有进入考虑范围，之后很可能会被彻底忽视。通常情况下，即使我们再仔细分析被关注的部分，也很难发现被忽略的部分。

因此，关注区域的选择对我们看待问题的方式影响很大。要重构问题，我们只需要稍微转变一下关注点。相反，如果没有关注点上的转变，看待问题的方式也很难改变。

关注区域的转换

从根本上讲，关注是一种被动现象，所以单纯地期盼关注点能自动转向正确的方向不会有任何效果，我们需要主动采取措施。不过，即便关注是一个被动过程，我们也还是可以通过提供框架的方式来影响关注点，进而控制关注点移动的方向。例如，如果你发现自己盯着某样东西看，可以将视线向左移动两米。一段时间后，你的注意力会自动移向两米以外，即使并没有什么原因吸引你这样做。之所以这样，是因为注意力遵循的是大脑内部组建的模式，不受外部模式影响。

和逆向思考一样，我们可以有意识地将注意力从自然的关注点转移到其他关注点上，看看会产生什么效果。例如，有关网球锦标赛的题目中，有人可能会想："我一直在思考要有多少场比赛才能诞生一位获胜者。如果换个角度，我可以转而思考多少场比赛能产生110位失败者。"在存在一个明确的自然关注点的情况下，这种逆向思考过程非常有效。

还有一种方法，就是将问题的不同要素都罗列出来，然后系统地依次关注各个要素。这种方法的重要意义不是要判断哪些要素无关紧要，不值得思考。它的难度在于，在任何情况下，可寻找的要素都是无穷无尽的，因为要素并不是由问题本身决定的，而是由我们看待问题的方式决定的。

比如，我们在思考家庭作业问题时，可能会列出下列要素，然后逐个关注：

1. 做作业的必要性（是选做还是必做）。

2. 做作业的时间。

3. 做作业是对课业很重要，还是单纯为了巩固知识。

4. 回家路上要花费的时间。

5. 在家中哪里做作业。

6. 不做作业可以做些什么。

7. 想看的电视节目。

17. 切入点和关注区域的选择

8. 作业是每天都有还是偶尔才有。

9. 父母辅导作业的能力。

10. 做得快还是慢。

11. 关注的是作业的效果还是花费的时间。

12. 家庭作业带来的挫败感和烦躁感。

13. 家庭作业的存在是否会减少课堂作业的内容或影响。

假设我们要考虑的是除草问题。我们的关注点自然会落在杂草的生长和除草方法上，没人会理会除草后的情况或不除草的后果。我们关注的只有杂草和除草两件事。在最近的一项实验中，研究人员将一块田地中的一些地带喷洒了常用除草剂，让另一些地带的杂草自然生长。研究人员发现，没有喷洒除草剂的地带，农作物的收成反而更好。

在不具备深埋条件的情况下，防范口蹄疫的常见方法就是将染病动物的尸体焚烧掉。但是在焚烧的过程中，随着热气流的上升，很多微粒会大面积扩散。如果焚烧的高温并没有杀死沾染在微粒上的病毒，疾病就会顺势传播。在应对口蹄疫的过程中，我们将注意力放在了染病动物的处理上，而不是处理方法可能造成的后果上。

医学上发现了一种很有效的药品。有人发现这种药品会产生大量排尿的副作用。但因为排尿并不是该项治疗的目的，所以很少有人注意到这项功效。直到有一天，有人忽然意识到，这种特效药实际上可以专门用于利尿治疗，帮助病人排尿。

练 习

确定切入点

给学员朗读一篇探讨某个具体问题的文章，或将纸质版发给学员，要求学员列出处理问题的所有潜在切入点，并总结文章作者采用的切入点。例如，如果文章的主题是全球饥荒问题，作者选择的切入点可能是某些国家浪费食物的现象，也可能是人口过量或农业效率低下等问题。老师从学员的发言中提炼可行的切入点，并在此基础上加以补充。

多个问题的切入点

在黑板上写下问题清单，要求全体学员主动分享各个问题的不同切入点。鼓励每位发言的学员简要地解释自己的观点。

备选问题可能包括：

- 合成食品的制作。
- 对合成食品的接受度。
- 改良香肠设计。
- 流浪狗问题。
- 清洁窗户的简便方法。

17. 切入点和关注区域的选择

同样的问题，不同的切入点

这项练习可以独立完成，也可以集体完成。给所有小组布置相同的问题，再给每个小组布置不同的切入点。最后由各发言人介绍他们是如何运用既定的切入点思考的。这项练习考察的重点是各组要真正运用事先布置的切入点，因为有时难免会以最明显的方式思考问题，之后再将切入点和这种明显的方式生硬地联系起来。

推荐问题：

- 雨天在街上行走时，如何避免淋雨。

推荐切入点：

- 随身带伞很麻烦。
- 几个人同时打伞可能会造成不便。
- 为什么要下雨天出门。
- 为什么不能淋湿。

遗漏信息（故事）

我们在讲述故事的过程中经常会省去所有对故事情节发展不重要的信息。但如果我们要审视的是情况本身，而不是他人描述情况的方式，就要尝试还原信息。老师从报纸文章中挑选一个故事，或者选择一个家喻户晓的故事，要求学员在课堂上公开发言，猜测到底遗漏了哪些信息。

例如，杰克和吉尔一起上山取水。杰克滑倒并摔破了头，吉尔也跟着摔了个大跟头。

- 摔跤发生在上山还是下山的过程中？
- 吉尔有没有受伤？
- 为什么吉尔也会摔倒？
- 杰克为什么会摔倒？
- 他们为什么要上山取水？

遗漏信息（图片）

本练习用图片来代替故事。由一名学员认真观察图片，然后描述给全班其他全体学员。接着每名学员按照自己对描述的理解把图像简单地画出来。从这些简笔画中就能看出第一名学员在描述图片的过程中遗漏了哪些信息。另一种方式是由一名学员描述图片，由其他学员来提问。如果某个问题是观察图片后可以解答的，就说明描述图片的学员没有注意到图片的这一部分。

更多信息

向全体学员展示同一张图片，要求每名学员将能从图片中获得的信息写下来。最后将所有答案收上来比较。比较提取信息最多的学员和提取信息最少的学员，就可以说明后者的关注区域的局限性。

检查清单

给学员布置一个问题，要求他们列出自己希望依次关注的所有要素。这项练习可以在公开课堂上完成，由学员主动发言，也可以由学员独立完成，之后比较学员交上来的清单。

推荐问题包括：

- 叫不醒人的闹钟。
- 浴缸的设计。
- 搭晾衣绳。
- 机场选址。
- 降低摩托车和卡车的噪声。

侦探故事

阅读大多数侦探小说时，读者都很难发现凶手，这是因为读者没有考虑到某些因素，或者选择了错误的关注点。优秀的侦探小说作者会让读者同时犯这两个错误。由老师写一篇短篇侦探小说，描述足够的线索来暗示凶手的身份。之后向全体学员朗读这个侦探故事，要求大家推断凶手身份并解释原因。接着要求学员以此为基础自行创作侦探故事,并将学员作品分享出来。针对这些侦探故事,老师要记录有多少学员得出了正确答案,并请每个故事的作者说明自己是如何描述足够的线索以暗示凶手身份的。

考虑一个情况或问题时的关注点,在很大程度上影响了这个情况或问题的构建形式,这是由大脑这种最大化记忆系统的本质所决定的。我们通常会选择最明显的关注点,这是由大脑已建立的模式决定的,已建立的模式会引导大脑关注最明显的关注点。有人想当然地认为关注点的选择无关紧要,因为他们觉得反正最终得出的结论都是一样的。但事实并非如此,因为关注点的选择直接决定了整个思路过程。所以我们有必要培养自己选择关注点和追踪不同关注点的能力。

大脑的关注区域是有限的,只能关注到已有信息的一小部分。某个因素如果一开始就不在考虑范围内,之后就可能被永久遗忘。通常情况下,从已有信息出发无法推断出被遗漏的信息,我们的关注点通常会落在最明显的区域。但稍微转变关注点,就能实现问题重建。我们还可以有意识地尝试依次关注问题的所有组成部分,尤其是那些看似微不足道的部分。

18. 随机刺激

本书探讨了三种鼓励水平思考的方法，分别是：

1. 认识到水平思考原则、水平思考的必要性及垂直思考模式的局限性。

2. 运用某些具体的方法来拓展原来的固有模式，达到模式重建的目的。

3. 有意识地改变环境，以刺激模式重建。

我们探讨的大多数方法都从想法内部入手。这些方法引导我们按照常规流程推进思路，有意识地将信息重新组合以形成新的模式。

但除了尝试从内部出发以外，我们还可以有意识地制造外部刺激，从外部对想法施加影响。随机刺激就是这个原理。

本书讨论的有些水平思考方法和垂直思考方法并没有明显不同，区别只在于水平思考使用的方式及其背后的意图不同。但随机刺激和垂直思考有着本质上的差别。垂直思考时，我们只处理相关信息，大多数时间都被用来筛选哪些信息相关、哪些信息无关。而随机刺激时，我们会不加选择地使用所有信息。即便是不相关的信息也不会被当成无效信息放弃掉。事实上，越是无关的信息，反而越有用。

生成随机输入

实现随机刺激主要有两种方法，分别是保持开放与正式生成随机输入。

保持开放

保持开放和正式生成两种方法的区别在于偶发性。如果我们主动进入随机刺激的状态，整个过程将同时包含保持开放和正式生成两种方法。随机刺激的用处包括下列几点：

1. 对随机信息持接受甚至欢迎的态度。对于看似无关的信息，不是全盘否决，而是将其视作随机信息并给予相应的关注。要做到这一点，我们不需要更多地做些什么，只需要有一种态度——注意

18. 随机刺激

到所出现的所有信息的态度。

2. 对他人的想法保持开放。在头脑风暴中，别人的想法也能成为随机信息，因为双方想法虽然相关，但思路不同。所以，即使你并不赞同对方的想法，也仍然能从中提取到有用信息。

3. 对来自不同领域的想法保持开放。这种行为有时会被划归为"跨学科启迪"，意思是和另一个行业的人共同讨论某个主题（例如，医学家可以和商业分析师或时尚设计师讨论系统行为），或者聆听对方谈论对方的学科。

4. 实际接触随机刺激。包括去包含各种各样不同事物的地方转一转，如超市或玩具店，或者去参加一个与你的兴趣毫无关联的展览。

保持开放的重点在于，永远不要有目的地寻找。我们可以去展览看看有没有相关内容，也可以和另一个行业的人讨论问题，听取他们的意见。但这些活动都不带任何目的。如果我们一开始就以寻找相关信息为目标，就会对相关性产生预设的想法，而这些预设想法只可能源自我们当时看待问题的方式。所以，我们寻找信息时必须让大脑处于空白的状态，等待能吸引我们注意的信息出现。但即便没碰到这种信息，也不能刻意地去寻找有用的信息。

正式生成随机输入

由于人对事物的关注是一个被动的过程，所以我们在看展览时即使没有刻意寻找与自身兴趣相关的信息，也还是会关注那些与自己固有的看待问题的方式相关的方面。无论我们多么努力地克制这种倾向，都会无意识地筛选关注的层面。虽然这种倾向会降低接收信息的随机性，但它们的刺激依然有效。真正意义上的随机输入，只能靠我们有意识地生成。这听起来有些矛盾，因为随机输入似乎应该是偶然出现的，但实际上，我们需要依靠正式的流程来制造偶然事件（如掷骰子）。推荐方法如下：

1. 从词典中随机地找个词。
2. 从图书馆里正式地选一本书或期刊。
3. 按照固定规律从周围环境中选择物体（如距离最近的红色物体）。

我们将在本章更为详细地介绍词典的用法。正式挑选图书或期刊的意思是从书架上某一个指定位置抽出一本期刊，不必在意期刊的主题，打开期刊后随意挑选一篇文章，文章内容与我们考虑的问题不相关也没关系。书的用法也是一样的。是使用书还是使用期刊不重要，只是举个例子，告诉大家如何养成有意识的习惯或做事规律，以生成随机输入。

随机刺激的作用

随机刺激为什么有效？为什么完全无关的信息有助于推动对固有模式的重建？

18. 随机刺激

随机刺激发挥作用的前提条件，是大脑本身是一个自我效能最大化的记忆系统。在这种系统中，注意力广度是有限而连贯的。这就意味着大脑关注的任何两个信息即便再不相关，也不会被分开处理。一般而言，如果两个无关的信息涌入，其中一个会得到关注，另一个会被忽略。但如果我们（通过有意识地安排环境）有意识地同时关注两个信息，两个信息之间最终就会形成联系。一开始，注意力会迅速在两个事物之间转换。但很快，在短期记忆效应的作用下，大脑就会以某种形式将两者联系起来。

在这种系统中，没有任何信息是真正无关的。

记忆表层的固定模式是稳定的模式。这并不是说它们永久保持不变，而是说它们变化的规律是稳定的，思路也是稳定的。这种平衡状态会因为忽然接收某个新信息而改变。

有时，新的平衡状态与原有状态高度相似，只是稍加调整以融入新信息。而有时，平衡状态被打破后会发生彻底重组。有个游戏是将很多个塑料盘放在一个边框里，边框的一边装有弹簧，向内施加压力。在弹簧压力的作用下，所有塑料盘都挤在一起，形成了一个稳定的结构。每位选手轮流抽出一个塑料盘。通常情况下，模式会稍加变化，然后达到一个新的平衡状态。但有时整个模式会发生巨大的变化然后重新构建。输入随机信息相当于加入新元素，而不是取走已有元素，但平衡状态发生变化的原理是一样的。

随机刺激还有另外两种用途。随机输入可以为正在考虑中的问题（情况）提供一个新的关注点。图18-1表示了原始问题以及问题的自然发展方式。加入随机输入后，问题和随机输入之间建立了联系。结果就是形成新的关注点，原始问题的发展轨迹随之发生变化。

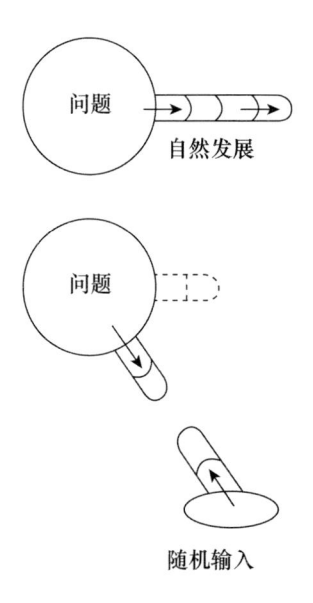

图18-1　加入随机输入后问题的发展

随机输入也可以提供类比。词典中一个简单的词语就可以构建出一个问题，它有自己的发展轨迹。当我们把这个词与正在考虑的问题的发展联系起来时，就形成了第16章提到的类比效果。

随机的语言刺激

这种方法的过程明确且实用,而且输入信息的随机性是毋庸置疑的。极致主义者可以使用随机数字组成的表格先选出词典的页码,再用表格选出这一页上第几个词(从上往下数)。还有一种更简便的方法,就是凭空想两个数字。也可以掷骰子。但不能打开词典后随便翻,直到找到顺眼的词为止。因为这种做法是刻意选择,无法达到随机刺激的目的。

举例来说,假设从随机数字表格中选出的数字组合是473—13,词典中对应的词语是"套索",正在考虑的问题是"住房紧缺"问题。我在三分钟的时间内引申出下列想法:

1. 套索→收紧套索→实施→实施一个住房计划有哪些难处?→瓶颈是什么?是资金、人力,还是土地?

2. 套索收紧→按现在的人口增长速度,情况会越来越糟糕。

3. 套索→绳索→悬吊施工系统→采用永久性材料建造的帐篷式房屋→方便组装与施工→或者在一个框架上悬吊多套房屋→由于墙壁不必承担自身及屋顶重量,所以可以采用更轻便的建筑材料。

4. 套索→绳圈→可调节绳圈→建造可根据需要调节大小的圆形房屋→只要把圆柱形墙壁沿一条线展开就可以→一开始没必要把房子建得太大,这样可以尽量减少供暖问题以及对墙壁、天花板和家具的需求→设施可以视需要逐渐扩充。

5. 套索→陷阱→捕获→获取一定的劳动力市场份额→束缚→因为房屋难以出售及一系列复杂问题，拥有房屋实际上是一种束缚→缺少灵活性→将房屋作为可交换单位→划分成不同类型→一种类型可与相似类型直接交换→或者将某一类型放在交换池中，再取出某一相似类型。

上述想法有些有用，有些没有用。也许所有想法都可以通过直接的垂直思考得出，但并不意味着只能靠垂直思考得出。如前文所述，一个想法如果符合逻辑，就一定能回推出整个逻辑发展轨迹，但这并不意味着非得沿着这条逻辑思路才能得出这个想法。有时我们会先有某个想法，再想到它与随机词语之前的联系，这个想法并不是在随机词语的刺激下形成的。但不管怎样，使用随机词语确实能在短时间内生成大量不同想法。

从这个例子可以看出随机词语的具体用法。随机词语常用来引申出更多词语，这些引申词和正在考虑的问题相关，比如：套索→实施→瓶颈；套索→绳索→悬吊；套索→陷阱→捕捉。有时我们要从随机词语出发引申出一连串的想法，才能与正在考虑的问题联系起来，有时是将套索的功能性特征和问题关联在一起，如收紧套索、可调节、圆形。除了上述例子，随机词语的用法还有很多——并没有所谓的正确方式。有时我们可能还会利用词语的双关语或反义词，或者拼写略有不同的形近词。使用随机词语是为了启发思路，而不是为了证明任何结论，甚至也不是为了证明随机词语刺激法是一种有效方法。

限定时间

上述例子中规定的时间是三分钟，因为三分钟已经足够刺激思路了。如果面对一个词太长时间，整个过程就会变得异常无聊。勤加练习并且树立信心后，整个环节三分钟就够了，最长也不要超过五分钟。切忌在结束一个词后马上去寻找另一个词，因为这种做法会让我们陷入不断寻找的状态。不要一个词一个词地去找，直到发现"合适"的词语，"合适"就意味着我们又回到了看待问题的固定视角上。如果想换个词尝试，就另找机会。如果我们抱着直接进入下一个词的念头（或者期待下一个词效果更好），第一个词的刺激效果就会大打折扣。固定环节结束后，想法可能还会接踵而至，我们可以把它们都写下来，但没必要将接下来的一整天时间都用来试图从随机词语中挖掘出更多思路。我们可以养成每天抽出三分钟时间借助随机词语思考问题的习惯。

信念

要成功运用随机刺激，最重要的是心怀信念。不必着急，也不必刻意，只要心中相信想法会到来就可以。要树立这种信念并不容易，因为一开始想法总是来得很慢。但随着我们逐渐学会如何运用随机刺激并认识到万物皆有联系，这个过程会变得越来越简单。

练 习

关联随机词语

叙述一个问题，并写在黑板上。要求学员选出词典页数（如词典共有460页，就在1～460中选择一个数字），再选出另一个数字来确定该页上词语的位置（如1～20）。使用词典来找到对应的词语。将词语及其释义一起写在黑板上（如果是熟悉的词语，可以省去释义）。接着要求学员提议如何从该词联系到问题。一开始，老师可以尽可能多给些提议，直到学员熟悉整个过程为止，每个提议都应该稍加解释，但不用把所有提议都记录下来。整个环节持续5～10分钟。

备选问题可能包括：

- 如何应对入店行窃问题。

- 提高车辆的安全性能。

- 重新设计窗户，在保证开关容易的同时，还要避免坠楼风险，保证遮风。

- 重新设计灯罩。

18. 随机刺激

如果老师没有足够的信心驾驭任何一个随机词语,最好不要使用词典。可以用下列词语代替,要求学员从1~20中选出任意一个数字。

1. 杂草　　　2. 铁锈
3. 贫穷　　　4. 放大
5. 泡沫　　　6. 黄金
7. 框架　　　8. 洞穴
9. 斜角　　　10. 真空
11. 部落　　　12. 木偶
13. 鼻子　　　14. 链环
15. 漂流　　　16. 职责
17. 肖像　　　18. 奶酪
19. 巧克力　　20. 煤炭

同样的问题,不同的词语

本练习中的问题是确定的,但使用的词语不止一个。每位学员要独立完成练习,记录如何从某个词语引申出有关问题的想法。老师最后将大家的笔记收上来。如果时间充裕,可以分析笔记,看看对随机词语的使用方式是否一致。大家可能用不同的方式最终得出了相同的想法,这取决于使用的随机词语。如果时间不多,可以随机选出几份笔记在全体学员面前朗读。老师也可以读出大家得到的最终想法，然后请大家猜测用的是哪个随机词语，并推断从这个词语出发直到得出最终想法的思考轨迹。例如，问题是"一年中的所有节日"，随机词语是"火鸡"，那么思考轨迹可能是这样的：火鸡→特别的食品→圣诞节→一个节日→一年中的所有节日。老师可以提炼出"一年中的所有节日"，让大家猜测是由哪个随机词语引申而来的。

全体学员一共用2～3个词语就足够了，再多会引起混乱。词语可以从词典中选，也可以来自上述清单。

备选问题可能包括：

- 清理沙滩上的漏油。
- 给花园除草。
- 设计大楼着火时能用来救人的设备。
- 让塑料布成为一种制衣材料（怎样处理才能让塑料布产生合适的垂度）。

同样的词语，不同的问题

本练习可以由学员单独完成，也可以大家集体完成。先选择一个随机词语，然后给每位学员分配一个问题，可以从2～3个备选问题中选。学员的任务就是在随机词语和自己分到的问题之间建立联系。最后对比大家完成的作业，说明同一个词语有不同的使用方式。

18. 随机刺激

如果采取公开讨论的方式，老师应先罗列出三个问题，然后要求学员将随机词语和三个问题逐一联系到一起。每个问题给五分钟时间。大家可以主动发言，出现冷场时由老师补充观点。最好不要一次写出三个问题，以免有些学员早早开始思考下一个问题。

备选的随机词语可能包括：

- 下水道。
- 引擎。
- 烹饪。
- 叶子。

备选问题可能包括：

- 如何存储信息才能方便查找。
- 如何缩短学习每个科目的时间。
- 设计爬树辅助工具。
- 改良电影院设计。

自行设计问题

每位学员写下自己想要解决的一个问题，写两份，每份都写上自己的名字或学号，然后将其中一份交给老师，以避免学员在看到随机词语后突然更改问题。接着找一个随机词语（可以利用学员给出的数字组合在词典里找，也可以由老师随机选一个）。

在把学员的问题收上来之前，老师可以点名要求几位学员向大家描述如何将随机词语和自己的问题联系在一起。通过这种环节，可以让学员认识到同一个随机词语可用于多种情况。如果有人发现自己毫无进展，老师可以和他们一起分析问题，为他们演示如何将随机词语应用于各种问题中。

备选随机词语可能包括：

- 炒鸡蛋。
- 螺丝刀。
- 炸弹。
- 门把手。

随机的物品

物品由老师选择，所以对老师来说不具有随机性，但对学员来说则是随机的。用物品代替词语的好处在于，相对于描述物品的词语，我们可以从更多角度出发来看待实际物品。有人可能认为对物品的想象会涵盖多重细节和角度，但实际上，我们对物品的想象可能会局限在物品的功能上，而忽略了其他特征。老师先给学员布置一个问题，然后再向学员展示随机的物品。本练习可以采用全体公开讨论的形式，由学员提议如何将物品与问题关联在一起；也可以作为独立作业完成，之后由老师点评或由学员向其他学员介绍自己的答案。

备选物品可能包括：

- 一双鞋。
- 一管牙膏。
- 一张报纸。
- 一个苹果。
- 一块海绵。
- 一杯水。

备选问题可能包括：

- 学游泳。
- 重新设计时钟。
- 设计帮助残疾人上下床的设备。
- 疏通下水道。

总　　结

如果只是按照大脑的已有模式思考问题，我们就会因循思路的自然发展轨迹，很难实现模式重构。人们通常会耐心地等待偶发事件来提供信息，进而刺激洞察力重组。但有了随机刺激，我们就可以有意识地掺进无关信息以打破原始模式。打破原始模式的结果，可能是对模式成功重组，或者至少也会引出一条新的发展思路。想要随机信息发挥作用，就不能进行任何有意识的选择。因为我们总是不可避免地选择相关信息，导致随机输入的刺激效果大打折扣。随机刺激是一个启发性的过程。受大脑工作方式的影响，任意两个随机事物之间都能建立联系。

19. 分割、概念、两极化

分　割

注意力的广度是有限而连贯的，这是由大脑这种自我效能最大化记忆表层的机制所决定的。注意力广度有限就意味着我们只能对整个环境中的一部分做出反应。在一段时间内，我们可能会依次关注各个部分，直到覆盖整个环境为止。

实际上，完整、连续而庞大的环境会被拆分为独立的关注区域。具体过程可能是从中挑选出某一个关注区域，或者将整个环境分成若干个关注区域后逐个关注，如图 19 - 1 所示。两种过程没有根本的差别，只是后者覆盖整个区域，而前者只覆盖部分区域而已。

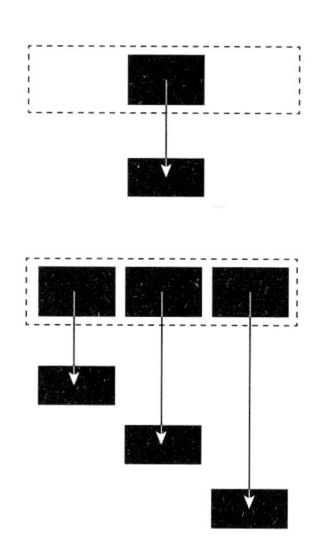

图 19 - 1　环境被拆分为独立的关注区域的过程

虽然这一过程是由大脑系统的机制直接决定的，但其中的几点优势具有重要的实际价值。

1. 这个过程意味着我们可以专门针对环境的某部分做出反应。因此，如果整个环境同时包含有用要素和危险要素，我们可以针对不同类型的要素做出不同反应。

2. 这个过程意味着我们在进入陌生的新环境时可以从熟悉的特征入手，并最终从这些熟悉部分的角度出发来解释整个环境。

19. 分割、概念、两极化

3. 这个过程意味着我们可以移动这些独立的关注区域并以新的方式来重新组合，实现原有环境无法给予的效果。

4. 这个过程让沟通变得可能，因为我们可以分部分描述一个问题，不必将其作为一个整体来描述。

划分为小的独立单元、选择单元、以不同的方式组合单元，这些共同组成了一个强大的信息处理系统。所有这些功能，都是由大脑系统直接决定的。

重新组合

图 19-1 表现的是如何将一个完整的环境分割成许多单元。我们也可以将一些单元组合在一起，形成一个新的完整的单元。

词语、名字、标签

我们通过分割完整环境或组合不同单元得到某个单元后，可以通过命名来"固定"这个单元。使用的名字必须是独特的，必须专门用来指代特定单元。有了名字后，这个单元的地位就从一个模式的组成部分，提升为独立的模式。名字还能赋予这个单元更大的灵活度，因为有了名称，它就能和其他单元更鲜明地区分开来，独立存在。如果是将不同单元组合在一起形成的新单元，命名就更加重要，因为新单元必须有了名字才能存在，如果没有名字，它又会重新解散为多个独立的部分。

给单元命名对沟通至关重要，有了名称，才能分部分地沟通复杂问题。

想要有效沟通，名字必须是固定的、永久性的。一个单元一旦被命名，单元的形状就"冻结"了，因为名字本身不会发生变化。名字的固定性对沟通至关重要，对理解问题也很有帮助。但在理解问题的过程中，我们不一定要使用名字，虽然多数人都觉得用名字会更方便。

迷思

迷思就是脑海中最先浮现的模式。这些模式一旦形成，大脑就会从周围环境中寻找线索来证明它们的合理性，或者，它们决定了大脑看待环境的方式，使之在一个假的合理化过程中得到证明。有了名称后，我们可以对名称本身进行加工，以生成更多名称。有了某个词语后，我们可以给词语加上表示否定的前缀，创造出这个词语的反义词。接下来，我们可以审视周围环境，看看是否有这个新词适合代表的对象，或者，我们也可以不管这个新词有没有可代表的对象，直接开始使用它。同样的道理，我们也可以将已有的两个词语组合在一起，形成第三个词语，也就是前两个词的合成词。图19-2说明了两种过程。这些新单元都是在词语层面上生成的，而不

19. 分割、概念、两极化

是直接从环境中获取的。虽然有别于代表环境中真实事物的普通词语,但我们对这些虚构词语的处理方式是一样的。对普通词语而言,是先有环境中的某种事物,再有相应的词语来对应。而虚构词语是先出现词语,再"制造"出环境中的某种事物(之所以使用"制造"这个词,是因为虚构词语决定着我们看待事物的方式)。两种词语都具有永久性和现实性,处理方式也完全相同。

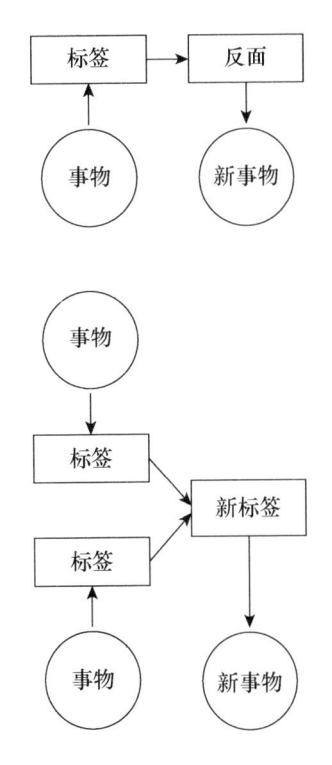

图 19-2 事物的反面和事物的组合

命名系统的局限性

命名单元系统在实践中最大的优势，就在于它的永久性，最大的缺陷，也在于它的永久性。

名称、标签、词语，本身都是永久确定不变的。因此，单元在有了名称后，也必然是固定的、永久的，于是由这些单元组合而成的模式同样也是固定不变的。

这个系统最大的缺陷就在于，命名后的单元在某段时间可能很方便使用，之后不仅不方便，还可能具有一定的局限性。命名后的单元组合（也被称为"概念"）局限甚至更大，因为它们会强加给思考者某种看待问题的刻板方式。一个以大米为主食的国家如果发生饥荒，即便其他国家送来玉米，饥民也仍会选择继续挨饿，这就是刻板概念所造成的影响，在他们看来，"玉米只是牲畜饲料"。

即便没有名字，概念也可能随着反复使用和熟悉度逐渐增加而固定下来，给概念加个标签会加速这个过程。

命名单元系统的一些局限性如下所述：

1. 在一个方便的节点将问题分割成两个单元，并将两个单元固定与命名。但之后可能发现将原有问题分割成三个单元更方便，如图 19-3（a）所示。在这种情况下要建立新单元非常困难，因为它意味要从原有单元中各挖出一部分，再组合到一起形成新单元，而不是回推到之前的旧单元。

2. 图 19‐3（b）表现的是如何将单元组合在一起形成固定的新单元。如果要通过吸收新单元、剔除旧单元的方式来改变组合，会非常困难。

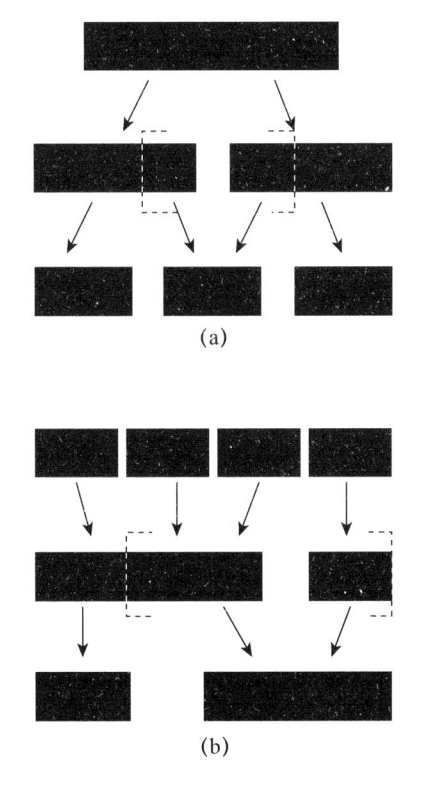

图 19‐3　将问题组合成不同单元的方式

3. 某个单元一旦被分离并命名，就很难再意识到它是整体的一部分。

4. 一旦多个单元的组合被整体命名，就很难再意识到它是由不同部分组成的。

5. 一旦分割后，就很难再将分割而成的各部分联系起来。如果一个过程在某一节点被切分开，节点之前的部分被称为"原因"，节点之后的部分被称为"结果"，那么，我们将很难再把节点前后的部分连接起来，将整个过程称为"变化"。

上述总结并不全面。但我要传达的中心思想是，如果单元被切分出去并以新的方式组合起来，然后被贴上标签固定，那么就很难再使用不同单元，或采用不同方式将它们重新组合。

两极化

建立两个全然不同的模式也比改变固有模式更简单。如果新模式只是略有不同，就会逐渐转向固有模式。这是因为固有模式有"抹杀"相似模式的倾向，导致相似模式会被当作对标准模式的复制。就这样，真实呈现的信息也被扭曲了，而信息原本应该建立起来的模式，也向着原有的固有模式转变。如果存在两个固有模式，则这种转变会朝向其中的一个。如果两种固有模式是对立的"两极"，那么新模式转变后会趋近两个极端中的一个。

这就好比往两个并排放置的箱子里扔球。球一定会落在其中一个箱子里，因为它在两个箱子的分界处无法保持平衡。如果箱子的

19. 分割、概念、两极化

边缘是倾斜的，那么球会移动很长一段距离。过程如图 19-4 所示。

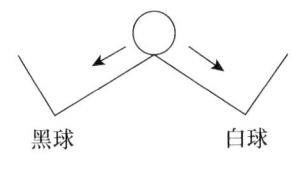

图 19-4　往箱子里扔球

如果其中一个箱子标着"黑球"，另一个箱子标着"白球"，那么黑球和白球都会被分别丢到合适的箱子里。如果其中还掺杂着灰球，我们就必须决定到底该将它丢到白球箱子里还是黑球箱子里。一旦决定，这些灰球就会被当作白球丢到白球箱子里，或者被当作黑球丢到黑球箱子里。我们改变了球的显性特征，以适应固有模式。

我们可以想象面前摆着一整套箱子，每个箱子都贴着标签。每出现一个物品，就会被丢进最合适的箱子里。这个最合适的标签是否真的合适并不重要，因为大脑会转变物品特征以匹配已有标签。这种转变一旦发生，人就不可能再判断出丢进箱子里的物品和同一个箱子里的其他物品有何区别。

给原本不属于任何已有箱子的物品找个合适的箱子，有两种方法。一种是专注于表明物品属于某个箱子的特征，另一种是专注于表明物品不属于某个箱子的特征。所以，面对灰球，有人可能会说："灰色基本上接近于白色，所以应该扔进白球箱子里。"有人可能会说："黑色才是所有颜色的基础，所以灰球应该扔到黑球箱子里。"

对于两种相似事物，有人可能注意到两者之间的相似点，进而判断两者是相同的；有人可能注意到两者之间的差异点，进而判断两者是不同的。这两种事物转变后可能越发相似，也可能渐行渐远。无论是哪种情况，事物都会发生转变，偏离其真实的样子，如图19-5所示。

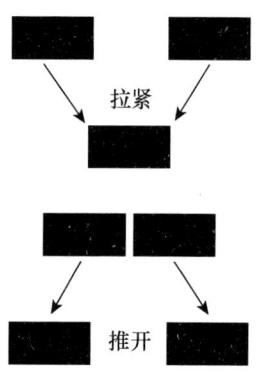

图19-5　事物的分类

同样的道理，如果存在固定标签，新事物或者被划归到这个标签下，或者被从该标签中推出去。一个社区如果明确区分"我们"或"他们"，那么任何一个碰巧路过的陌生人都会被划归为"我们的成员"或"他们的成员"。

也许这个陌生人同时具备两个群体的特征。但无论最终判定如何，他的特征很快会被转变以完全符合某个标签的特征。也就是说，陌生人会被推向一个极端或另一个极端。他不能长期处于两个极端

19. 分割、概念、两极化

中间。这就好像在磁铁作用下，指南针的指针不可能来回摇摆一样。

从现实角度讲，这种两极化系统非常有效。它意味着我们只要建立几个主要类别，再将任一事物都划归到其中一个类别就好了。这样，我们就不必细致地分析一切再决定如何应对。我们只要判断它到底适合哪个类别就行。我们甚至不必追究两者是否完全匹配，只要将它朝着特定类别猛推就可以了。一旦被推到某个类别，反应起来就更简单了。因为类别是固定的，相应的反应也是固定的。

探讨新问题时，我们可能只设两个类别："适合食用"和"不适合食用"。这就够了。任何食物都会被划归到其中一类，没必要更细致地区分。也就是说，不需要"味道不好但是有利健康""适合食用但容易口渴""好吃但有毒""一切未知但值得尝试"这些类别。

新类别

什么时候会产生新类别呢？我们什么时候会判断某个事物不属于任何一个箱子，所以要另设一个新箱子呢？我们什么时候会判定灰球应该扔进标着"灰球"的特殊箱子里呢？什么时候决定陌生人既不是"我们"也不是"他们"，而是另外一个新的类别呢？

两极化的危险在于事物可以随意转变，以至于永远不需要创建一个新类别，也永远都无法判断到底应该预设多少个固有类别。

即便只是有限的几个类别，我们也总可以勉强过关。

两极化趋向的危险总结如下：

1. 类别一旦确定，就永久不变。

2. 新信息经过转变才能适应固有类别。一旦经历了这种转变，就再没有迹象能表明它与该类别的其他信息有何不同。

3. 任何时候都没有创建新类别的必要。即便只是有限的几个类别，我们也总可以勉强过关。

4. 类别越少，转变程度就越大。

水平思考的意义

命名单元系统是高度有效的，这一点毋庸置疑。正是由于这一系统的两极化特性，我们才能在信息有限的情况下就做出反应，这一点同样毋庸置疑。大脑基本系统所衍生出的整个信息处理系统非常有用。和这个系统的巨大用途相比，以上缺陷都微不足道。但这些缺陷确实存在，而且和系统的本质密不可分。因此，我们要最大限度地发挥这个系统的效用，同时也要意识到它的缺陷并采取相应的措施。

命名单元系统的主要局限在于标签的固定性。标签一旦确定就固定不变。它会改变接收的信息，而不会在接收信息的作用下自己发生改变。

水平思考的目的就是打破陈旧模式。而固定标签是陈旧模式的

19. 分割、概念、两极化

突出代表。为摆脱这些标签的束缚，我们可以采取三种方法：

1. 向现有标签发起挑战。
2. 尝试摆脱标签。
3. 建立新标签。

向现有标签发起挑战

我为什么要使用这个标签？这个标签真正的含义是什么？这个标签是不是必需的？我之所以使用这个标签，是不是受陈旧模式的影响？我为什么一定要接受别人习惯使用的标签？

顾名思义，挑战标签就是直接质疑标签、词语或名称的用处。不是说我们要拒绝使用它们或者我们有更好的选择，而是说我们在承认旧的标签时要抱着怀疑的态度。

正确的方式不是想方设法地证明标签的合理性以达到继续使用标签的目的，而是在使用标签的过程中不断地挑战它的合理性。

尝试摆脱标签

将几个单元组合在一起并赋予它新的名称或标签，这个过程如此简单地就能完成，以至于我们遗忘了标签背后的东西。去掉标签，我们就能重新发现背后的东西。我们可能发现背后的东西更有价值，发现标签本身虽然看似重要，但实际上并没什么意义。我们还可能发现标签虽然有效，但需要加以改变才能适应当下的情况。

去掉标签，就相当于放弃标签带来的便利的模式。如果我们希望在写作或交谈时能摆脱固有的模式，就先要摆脱标签本身。无论什么时候遇到通常会使用标签的情况，都要设法放弃使用标签。具体方法包括换一种看待事物的方式，这正是水平思考的目的。用其他词语来代替标签作用不大，但也能起到一定的效果，因为替换后的词语可能与其他元素产生火花，这是固定的标签无法做到的。

摆脱标签的一个简单例子，就是改写通篇使用"我"的个人文章。改写过程中要尽量避免使用第一人称。改写后，我们会发现许多事情是一定会发生的，我们的影响并不像看起来那么重要。

我们不仅要在讨论问题时尝试摆脱特定的标签，在看待问题时也应如此。比如，使用"暴民"这个标签，会引申出一个特定的思路。但如果我们弃用这个标签，就能换一种方式来看待问题。摆脱了标签的束缚后，我们会发现事物的本来面貌。

建立新标签

通过建立新标签来摆脱旧标签的不利影响，看起来似乎有些自相矛盾。但建立新标签的目的，是规避旧标签的扭曲效应。受两极化影响，信息会被改变以适应固有类别。类别越少，改变和扭曲的程度就越大。建立了新类别后，大脑在接收信息时对信息的扭曲就会减少。也就是说，我们建立新标签的目的，是为保护接收信息免

19. 分割、概念、两极化

受固有标签的两极化影响。

围绕固有标签会衍生出很多含义、背景和发展思路。即便某个想法与已有标签匹配，最好也不要马上把它划归到这个标签下，因为这样会妨碍我们以一种新方式来发展思路。例如，水平思考和有些人理解的创新思维确有重合，但创新思维周围环绕着包括艺术表达、天分、敏感性、灵感在内的一系列复杂含义，所以最好将水平思考作为一个独立的概念，将其作为一种使用信息的特定方式。

练 习

挑战标签

本练习和之前章节介绍的"提问法"相似。我们挑战名字、标签或概念，是指不要给名字、标签或概念下定义，我们要质疑将它们作为一个名字、标签或概念来使用是否恰当，而不是要证明或解释它们。

从报纸或杂志中找一篇文章，给全体学员朗读。如果有足够的复印件，也可以让大家独立阅读。学员的任务是挑出一些看起来用得过于随意的标签，用下划线标示。画线的标签和概念可能是整个论证过程的基础，也可能就是用得太多。例如，在探讨管理问题的文章里，大家挑出来的标签可能包括"生产效率""利润水平"和

"协作"。让每位学员将这些词语整理成一个清单,最后将所有学员的清单进行对比和讨论。讨论的重点是这些标签是否用得太顺手。关注点不在于标签是对是错,而在于"利润水平"等表达是否用得太随意,是否每次想要证明什么都用"利润水平"来说明问题。另一篇文章中的标签可能包括"公正""公平""人权"。本练习除了要探讨作者对于某个标签的使用是否过于随意外,还要探讨如此随意使用标签的风险。

标签与讨论

请两位学员就某个主题展开讨论,其他人做听众。最后由大家点评两人在讨论过程中对标签的使用。只要能让学员通过本练习认识到我们对标签的使用很随意就够了。练习的目的不是判断标签用得是否合理,也不是评判辩论技巧。

辩论的备选题目可能包括:

- 女性的创造力是否比得上男性。
- 顺从是不是好事。
- 我们只需要学马上能用得上的东西。
- 如果没有达到目的,你应该继续努力。
- 家长应该辅导孩子做作业。
- 孩子在学校时可以选择自己喜欢的着装。

19. 分割、概念、两极化

- 有些人就是与其他人不同。

删去标签

本练习的目的是看不用某个特定的名字、标签或概念会怎么样，比如在改写文章的过程中完全弃用某指定标签。

本练习选择大量使用某个特定标签的报纸文章会更方便。在点评过程中，老师应注意弃用标签会导致看待问题的方式发生变化，还是标签只是被另一个词语代替而已。

在讨论中弃用标签

在本练习中请一位学员讨论某个主题，请另一位学员解释前面这位学员的发言，但解释过程中禁止使用之前用过的某个特定标签。本练习也可以采取两位学员辩论的形式，两人都被禁止使用某个标签，或者其中一人被禁用某个标签。

备选讨论话题：

- 战争（要求禁用"战斗"这一标签）。
- 赛车（禁用"飞速""迅速"等标签）。
- 雨中漫步（禁用"淋湿"标签）。
- 学校（禁用"教学"标签）。
- 警察（禁用"法律"标签）。

水平思考

改述句子

本练习不再要求学员在讨论或改写的过程中禁用某个概念标签，而是将练习的对象换成单个句子。本练习相对之前的练习更简单，但同样有效。由老师选出一系列句子，可以从报纸上摘抄，也可以自己造句。将这些句子朗读给全体学员，或者写在黑板上，用下划线标出被禁用的标签。接着要求学员以公开讨论的方式提议如何避免使用画线词语来改写句子。或者，也可以要求学员独立改写，最后比较改写后的不同版本。本练习的重点是一定要尽可能保留句子原意。

可以使用下列类型的句子：

- 孩子的作业应该尽可能<u>工整</u>。
- 每个人都有接受教育的<u>平等权利</u>。
- 民主政府应遵循人民的<u>意愿</u>。
- 如果小偷<u>盗窃</u>时当场被抓，就会被送去监狱。
- 草莓味的冰淇淋<u>味道</u>比香草味的更好。
- <u>盘子</u>如果掉到地上就会被摔碎。

这种练习的问题在于，学员常常只是换了一个同义词。在上述例子中，我们可能只是用"仔细"或"整齐"来代替"工整"。我们不能拒绝使用同义词的方式，因为真正的同义词和看待问题的不同方式之间界限非常模糊。所以，我们应该接受这些同义词，但同时还要继续探讨是否有更多的表达方式。不否定同义词，同时要尽可能地发掘其他看待问题的方式。

改述标题

本练习和前一个练习类似，只是将句子换成了从报纸上摘抄的标题。学员的任务是改述标题，在保留原意的前提下避免使用之前标题中出现的任何一个词语。老师应选择不包含具体标签的标题。例如，如果标题是"里博菲洛赢得德比马赛"，改述的难度就很大，而"最受欢迎的赛马在埃普索姆传统赛事中获胜"这种说法是可以接受的，但被接受的前提是人们知道里博菲洛最受欢迎。我们要在这方面放宽要求。

新标签

既然沟通如此重要，老师也不希望鼓励学员给事物贴上独特的标签。但老师可以在公开讨论环节要求学员分享如下现象：

1. 划分不当的现象。
2. 被现有标签遗漏的现象。

比如，有人可能觉得气垫飞行器既不是飞行器，也不是汽车，而是一种特别的存在。有人可能觉得"有罪"和"无罪"的划分过于绝对，没有考虑到法律上有罪但实际无罪的人或者法律上无罪但实际有罪的人（从动机的角度出发看待问题）。

也许该有一个专门的标签来形容既不丑陋也不美丽的事物，而不是简单地称为普通。也许该有一个专门的标签来涵盖"看待事物的方式"这一词组。也许该有一个专门的标签来指代目前进展顺利但未来注定会带来灾难的事物。也许该有一个专门的标签来描述既不是纯粹的意外事故，也不完全是某一方责任，而是两者兼而有之的事件。

20. 新词 PO

了解水平思考的本质和必要性，是使用这种思考方式的第一步。但只有理解和意愿还不够。水平思考的使用方法涵盖了一系列正式流程，这些流程虽然很实用，但我们还需要更明确、更简单、适用范围更广泛的工具。这种工具对于运用水平思考的意义，应该比得上 NO（否）这种工具对于运用逻辑思考的意义。

NO 和 PO

逻辑思考的内涵是选择，这是通过接受与拒绝的过程实现的。拒绝是逻辑思考的基础，拒绝的过程包含在否定概念当中。否定是一种判断工具,是我们否决具体信息编排方式的途径。否定用以承载判断和表达拒绝。否定概念凝聚在明确的语言工具中,这种语言工具包含"否"和"不是"两个词。一旦我们学会了这些词语的功能与用法,就学会了如何运用逻辑思考。逻辑思考的整个理念都集中在这一语言工具的使用上。可以说,逻辑思考就是对 NO 的管理。

水平思考的内涵是洞察力重组,这是通过重新编排信息来实现的。重新编排是水平思考的基础,它意味着脱离由经验建立的僵化模式。重新编排的过程包含在(再)释放概念中。释放是一种重新编排的工具,是我们摆脱固有模式并创造新模式的途径。释放为换一种方式编排信息创造了条件,新模式由此诞生。释放概念凝聚在明确的语言工具中。这种语言工具就是 PO。一旦我们学会了 PO 的功能与用法,就学会了如何运用水平思考。水平思考的整个理念都集中在这一语言工具的使用上。可以说,水平思考就是对 PO 的管理,正如逻辑思考是对 NO 的管理一样。

PO 对于水平思考的意义,就好比 NO 对于逻辑思考的意义。NO 是一种拒绝工具,PO 是一种洞察力重组工具。释放的概念是水平思考的基础,正如否定的概念是逻辑思考的基础一样。两种概念都凝聚在语言工具中,语言工具不可或缺,这是由大脑机制的被动特性所决定的。语言工具本身就是模式,与其他模式在大脑的自组织记忆表层相互作用进而产生某些效应。这种语言工具对个人的思考尤其有用，对沟通来说，语言工具也是基础。

虽然 NO 和 PO 都是语言工具，但两者承载的具体操作截然不同。NO 是一种判断工具，而 PO 是一种反判断工具。NO 在理性框架之内发挥作用，PO 在理性框架之外发挥作用。PO 用于对信息进行"不合理"的编排，但它们实际上并非真的不合理，因为水平思考和垂直思考发挥功能的方式完全不同。水平思考不是无理性，而是反理性。水平思考是建立信息模式，而不是评判这些模式的对错。水平思考不会将理性放在首位。PO 永远不会成为评判工具，它是一种建设工具。PO 同时也是建立模式的工具，但它建立模式的具体过程可能是打破原有模式并重新建立新模式。

PO 是语言工具，同时也是反语言工具。词语本身和它们的组合方式都属于陈旧模式。语言是一种不连贯但有秩序的稳定系统，反映的是自组织记忆系统的固有模式。这就是为什么 PO 的完整功能不太可能随着语言的发展而进化。相反，由于大脑具有的建立模式的行为，PO 才产生了。

PO 的功能就是编排信息以创建新模式和重组旧模式。

这两大功能实际上是同一个过程的不同方面，但为讨论方便，本书将其视为两个独立的过程。

1. 建立新模式。
2. 重组旧模式。

这两大功能可以换一种方式来表达：

1. 启发性的、宽容的：以新方式组合信息，允许对信息进行不合理的重组。

2. 解放性的：打破旧模式，以新方式组合被禁锢的信息。

PO 的第一项功能：建立新的信息编排

经验会使人们按照模式来编排事物。环境中的事物可能恰好被编排成特定的模式，或者，人的关注点会按照特定的模式来挑选关注对象。在第一种情况下，模式来自环境；在第二种情况下，模式来自大脑的记忆表层，因为它决定了注意力的方向。PO 的第一项功能，就是创建信息编排方式。这种编排既不来自环境，也不来自记忆表层。NO 被用来弱化以经验为基础的编排方式，而 PO 则用来脱离经验的影响以建立新联系。

一旦信息在记忆表层"沉淀"成固定模式，对信息的编排就必须严格按这些固定的模式进行。因为只有和背景模式一致的信息编排才能被接受，其他方式会被马上否决。但如果真的生成了不同的编排方式（别问原因），而且这些方式还在脑海中停留了一段时间，信息就有可能重新组合，形成一种新模式。这种新模式不仅没有因循背景模式，还有可能改变背景模式。这个过程如图 20-1 所示。PO 的目的，就是另辟蹊径，建立新的编排方式；或者提供保护，避免某些编排方式迅速被否决。这些功能可以归纳如下：

1. 按照事件自然发展以外的方式来编排信息。

2. 保留信息的编排方式，不做任何评判。

3. 保护被判定为不可能的信息编排方式不被宣判出局。

通常情况下，信息编排一旦形成就要马上接受评判。判决结果有两种："这是可接受的"，或"这是不可接受的"。也就是说，编排或者被肯定，或者被否决，不存在中间地带。PO 的功能，就是引入一条中间道路，如图 20-1 所示。PO 永远不可能是评判。它辩驳的对象不是判决结果本身，而是对评判的使用。PO 是一种反评判工具。

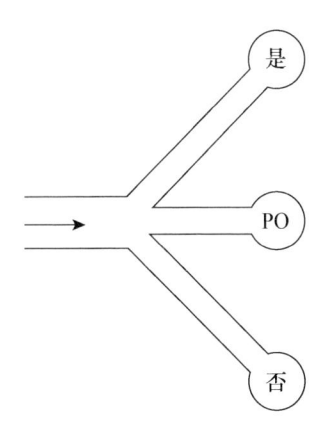

图 20-1　PO 的功能

PO 可以让我们延长保留某种编排的时间，而不必肯定它或否定它。PO 能延迟判断。

延迟判断是水平思考的基本原则之一，也是它有别于垂直思考的基本差异点。在垂直思考中，信息编排必须在每个阶段都正确，也就是说，我们必须在机会允许的情况下尽早做出判断。而在水平思考中，信息编排本身可能是错误的，但可能引申出一个完全合理的新想法。这种可能性，是由大脑这种自我效能最大化记忆表层的特征所决定的。

延迟判断并保留想法能带来诸多好处。随着对想法的探讨逐渐深入，我们可能发现它原来是合理的。如果我们继续保留某个想法，它可能会和新涌入的信息相互作用，形成合理的新想法。未经评判的想法也可能会触发信息搜索过程，这个过程本身可能是有价值的。另外，如果我们长时间地保留某个想法，原本与它不匹配的背景本身就可能会发生改变（见图20-2）。

PO可用于保护已经被评判或否决的信息编排，这些信息编排可能很久之前就被否决掉了，涉及在PO的保护下重组信息编排，也可能是最近被否决的信息编排。

我们要认识到，利用PO来建立新的信息编排和利用常见工具编排信息截然不同：

PO没有"和"所代表的增加补充功能。

PO没有"是"所代表的判定功能。

PO没有"否"所代表的选择更多方案的功能。

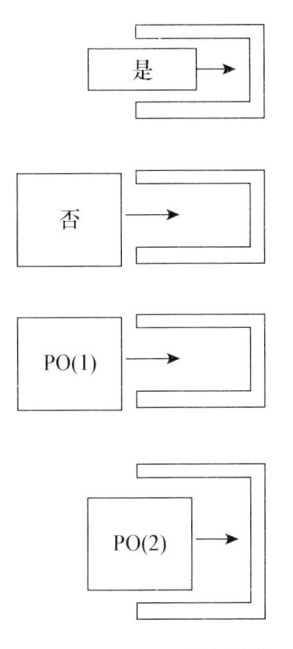

图 20-2 PO 延迟判断的效果

PO 的功能，是以启发性的方式编排信息，在此过程中不做出任何评判。因为编排本身并不重要，重要的是之后会发生什么。编排的目的，就是推进思路，进而发现新想法。

在现实生活中，在某些特定的情况下，使用 PO 会很方便。

并置

PO 最简单的用法，就是将两个无关的事物放在一起，让两者（或两者的关联事物）发生互动。这两种事物之间原本看不出任何联系或关系，没有任何理由将它们放在一起（除了想看看放在一起会产生什么火花）。如果没有 PO 工具，并且不是在被他人要求或一些强制性的条件下，没有人会想到以这种方式将事物组合在一起。

有人想到的组合可能是"电脑 PO 煎蛋"。从这个并置组合出发可以引申出的想法包括：用电脑或某种预先设定的智能电器做饭。还有一种想法是建立一个食谱的中央储存库，用户可以打电话输入自己的食材和对烹饪方法的要求，储存库会提供与之匹配的食谱。煎蛋和电脑的共同之处还涉及将原料改造成更适用的形式：煎蛋的制作是将鸡蛋和油混合在一起，生成可以食用的最终形式，就好像电脑将看似随意的信息组合到一起，生成明确的输出结果（和大脑类似）。

引入随机词语

我们可以使用 PO 将两个无关词语并置在一起，也可以用它来"引入"一个和讨论内容毫无关联的随机词语来刺激新想法。如果其他人不了解 PO，你可以使用这样的开场白："大家好，我们对水平思考已有所了解，都知道使用随机输入有助于打破惯有的思考模式并启发新思路。现在，我就要引入一个随机词语。这个词语和我们正在讨论的内容毫无关系。我选择这个词语没有任何依据。之所以会使用它，只是单纯地希望它能启发新想法。不要觉得这样的选择背后一定隐藏着某种原因，也不要浪费时间寻找假想的原因。这个词就是葡萄干。"说明了 PO 的使用方法后，我们只需要简单地说一句："PO 葡萄干。"

如果讨论的问题是"如何利用学习时间"，那么从这个随机词语可能引申出下列思路：

1. 葡萄干→用来给蛋糕提味→体积小、甜度高→在枯燥而漫长的科目之间穿插趣味性强的科目→为枯燥的科目制造一些小的趣味点。

2. 葡萄干→风干的葡萄→甜度浓缩→提炼并总结学习材料以缩短学习时间。

3. 葡萄干→在晾房里风干→也许我们在宜人的环境下和恶劣的环境下学习效率是一样的→光线、色彩对烦躁情绪有没有影响？也许应该让材料接受他人"火眼金睛"式的分析，总结出精华版。

4. 葡萄干→风干后保存→笔记和总结便于记忆，但需要时不时地重新整理（如以例题为基础整理）。

不连贯的跳跃

在垂直思考中，我们都是按顺序推进。但在水平思考中，我们可以先进行不连贯的跳跃，再尝试填补中间的空白部分。如果我们在垂直思考的讨论中思路跳跃，其他人可能会一头雾水，因为他们会试图找出这背后的逻辑依据。所以，为表明这种跳跃是属于水平思考范畴的无关联想，我们应该在发言的一开头就说明将使用 PO 法。例如，在有关学习时间的讨论中，你可以说："在学习中用 PO 方法的时间，就是没有用来做其他事情的时间。"

这种跳跃可以是在同一领域内的小跳跃，也可以是横跨无关领域的大跳跃。PO 为我们省去了将新发现的情况与之前的事物相联系的麻烦。通常意义上讲，PO 的含义就是："不要再死磕背后的原因，我们只要向前推进思路，看看产生的影响就好了。"

怀疑（半确定）

在因为无法证明某一点而导致整个讨论受阻的情况下，我们可以利用 PO 来重新打开局面。PO 不是用来证明或否定这一点，而是保证在讨论继续进行的前提下以任何方式使用这一点，看看会产生什么结果。或许，我们从这一点继续不会推导出任何有用的结论，也或许最终我们发现这一点并不重要。从这一点继续我们也可能会找到某种解决方案，并且从这个结果往回推，可以绕过可疑点回到起点。也可能，我们只能经过可疑点才能得到解决方案，最终认识到这一点的关键作用，于是努力去证明这一点。PO 的这种用法和"如果""假设"的惯常用法并无太大区别。

犯错

在水平思考中，我们在寻找答案的过程中并不介意犯错，因为有时必须穿过一片错误区域，才能清楚地看到正确的道路。PO就相当于陪我们穿过错误区域的伙伴。PO无法纠正错误，但它能让我们将注意力从深究错误的原因转移到挖掘潜在的用途上。实际上，PO的含义是："我知道这种方式不对，但我还是要坚持下去，看看思路会引向何方。"

在考虑如何保证挡风玻璃干燥洁净的问题时，有人提议应该倒着开车，因为后车窗的能见度总是比前车窗更好。这个想法本身没有任何价值，因为如果我们倒着开车，后车窗就会和前车窗一样积满灰尘。但从"为什么不能倒着开车"的提议可以引申出很多其他想法，比如间接可视系统或保护挡风玻璃不会直接暴露在灰尘和雨水中的其他方式。

在这个例子中，我们可以用下列方式使用PO。有人提议倒着开车，有人可能回复："这简直是在胡说，因为……"但我们可以这样回复："PO为什么不能倒着开车？"PO的目的是延迟判断，让想法在脑海中多停留一段时间，看能引申出什么其他想法，而不是马上将它否决掉。

功能暂停

PO能保住一个明显错误的想法，也能保护想法免受评价。这种情况下，想法尚未接受评判但最终会成为批判性分析的对象，PO只是被用来延迟判断的到来。该用法下 PO 的功能和被用于引入随机词语时相似。使用 PO 后,讨论过程中原本普通的一句发言或一个想法就会转化为催化剂。在这种情况下,PO 的含义就是:"我们不要费心去分析想法到底是对是错,只要看看它能引申出哪些其他想法就够了。"

PO 的使用者可以是提出想法的人,也可以是其他人。如果有了评判想法的迹象,有人就可以简单地插入 PO,意思是"我们暂时不要评论"。

构建

中学几何里,在原图形基础上添加辅助线通常有助于简化解题过程。这个过程和一个律师的故事异曲同工。一位律师接到任务,将 11 匹马分给 3 个儿子,让其中一个儿子得到一半,另一个儿子得到 1/4,第三个儿子得到 1/6。律师的做法是将自己的 1 匹马借给儿子,然后以 12 匹马做基数进行分割。于是第一个儿子得到 6 匹,第二个儿子得到 3 匹,第三个儿子得到 2 匹。都分好后,律师再将自己借出去的 1 匹马牵回去。

在这种情况下,PO 被用于补充问题条件或以某种方式改变问题。这样改变问题就可以形成新思路以及看待问题的新方式。改变问题的目的,不是重组问题或者更好地表达问题,而是为了转换问题，看看会产生什么结果。例如，在考虑警察对打击犯罪的作用时，有人可能会提出："PO 为什么不能雇用独臂警察呢？"通过添加"独臂警察"要素的方式改变问题，有助于将关注点转移到独臂的潜在优势以及警察运用智慧和组织能力，而不是仅靠蛮力的重要性上。

PO 的第一项功能小结

PO 的用法还有很多，但上述情况足以说明 PO 的第一种功能。简而言之，PO 的首要功能就是让我们可以随心所欲地发言，可以以任何方式编排信息而不必为编排方式寻找任何理由。只是想要使用 PO 这一个理由就够了。

PO 2＋2＝5。

PO 如果将水染成绿色，水就可以往山上流了。

PO 水平思考就是浪费时间。

PO 男性有灵魂，女性没有。

PO 我们接受教育时学到的东西，要花一辈子的时间才能忘掉。

PO 的第一项功能，就是让我们将注意力从表述的意义和依据转移到表述的效果上。使用 PO 后，我们会向前看而不是向后看。任何信息编排都能引申出其他编排方式，所以无论表述本身多不合情理，都是一种有效的刺激。正是因为这种不合理性，我们才能以不同于固有模式的方式编排信息,增加永久重组的机会。垂直思考不允许这种做法,在垂直思考中,我们会向后看,去审视表述的依据、合理性及意义。

"PO 如果将水染成绿色,水就可以往山上流了",这种表述听起来很荒唐,但可以引申出下列想法:为什么绿色能带来变化?为什么染色能带来变化?我们能不能添加某种物质,让水往山上流?实际上,真的有这种物质。如果我们在水中添加小剂量的特种塑料,水就会转化成固液混合态。如果你将罐子里的水往外倾倒,然后保持罐子直立,水就会在虹吸作用下继续流出,沿着罐子的内壁向上,越过罐口边缘后再沿着外壁向下淌。

PO 这种工具可以保证信息的用法全然不同于一般方法。即使没有 PO,我们也能以这种非一般的方法使用信息,也能运用 PO 所代表的水平思考法。PO 作为一种实际的语言工具,它的便利性体现在能明确交代我们在以这种特殊方式使用信息。如果没有说明,就会造成混乱,导致听众根本不知道发生了什么。如果将 PO 式的表述插入到一般的垂直思考讨论中却没有使用 PO,听众会认为说话者神志不清、故意说谎、错误百出、愚不可及、荒唐,甚至是不合时宜地开玩笑。例如,"PO 房子着火了"和"房子着火了"这两种表述截然不同。另外,如果我们没用 PO,就无法将信息转化为水平思考中的刺激因素。

20. 新词 PO

PO 的第二项功能：挑战旧的信息编排方式

大脑的基本功能就是创建模式。大脑的记忆表层能将信息组织成模式，或者推动信息自行组织成模式。这两个过程的结果实际上是一样的，都相当于大脑从环境中挑选信息，再将它们组合后形成模式。这些模式一旦形成，就会更加稳固，因为它们决定了注意力的方向。大脑的高效性完全依靠对模式的创建、识别和使用。模式想要发挥作用，首先必须是永久性的。但这些模式并不是组合所含信息的唯一方式，甚至也不是最佳方式，它们是由信息到达的时间以及之前接收的模式整体决定的。

PO 的第二项功能就是挑战这些固有模式。PO 相当于一种拓展思路的工具，让我们能摆脱固定的想法、标签、分割、类别和分类。PO 的用法总结如下：

1. 挑战固有模式的傲慢。
2. 质疑固有模式的合理性。
3. 打破固有模式，解放信息以将其重组为新模式。
4. 解救被标签和分类禁锢的信息。
5. 鼓励思考者寻找编排信息的其他方式。

永不评判

如前文所述，PO 永远不能用作评判工具。PO 永远不能用于表示某种信息编排方式是对是错。PO永远不能用于表示某种信息编排方式到底有多大的可能性以及是不是目前条件下的最佳方式。PO这种工具的功能，是引出对信息的编排或重新编排，而不是用以评判新的编排方式或否定旧方式。

PO的含义是："现有模式可能是看待事物或组合信息的最佳方式，甚至可能被证明是唯一的方式。但我们还是应该找找是不是有其他方式。"

垂直思考中，挑战某个想法的前提是要证明这种想法为什么不正确，或者提供其他替代性想法。如果要提供其他想法，必须首先证明这种想法不仅比之前的想法更好，而且是合理的。如果使用了PO，这些证明全都不再需要。也就是说，我们在挑战固有秩序时不需要提供任何替代品，甚至也不需要证明现有秩序有任何缺陷。

评判通常需要证明想法，证明为什么应该接受某种信息编排方式，因为我们想知道为什么某些信息应该以特定的方式组合。如果使用PO，我们的关注点就从"为什么"转移到"到哪去"上。也就是说，面对一种新的编排方式，我们不会在意它形成的原因，也不会在意它的合理性，我们只会在意它能将思路引向何方——它能带来什么结果。

对PO的反应

PO挑战不会遭遇激烈的辩护，对方不会争辩为什么固有想法实际上是可行条件下组合信息的最佳方式，因为 PO 并不是在攻击想法本身。PO 设置的挑战是，尝试思考其他方式，因此 PO 挑战的结果只能是产生看待问题的不同方式。产生的方式越多，可能越能说明最初的想法确实是最完善的，但没有必要因此而拒绝尝试生成其他想法。如果在生成其他想法的过程中发现看待问题的更好方式，这就是好的结果。即便只是对原有想法略加修改，也仍然是好的结果。存在看待问题的其他方式，这种可能性本身也是有价值的发现，因为它可以撼动旧想法的稳固地位，能让我们在真正需要改变它的时候更容易改变它。

挑战陈旧模式

任何有用的模式都是陈旧模式。模式越有用，越陈旧。而模式越陈旧，也会越有用。PO 能用于挑战任何陈词滥调。PO 挑战的对象不仅是概念组成模式的方式，还包括概念本身。我们总倾向于认为陈旧模式指的是概念编排方式，但实际上概念作为思想的基石，本身必须保持不变。

"PO 自由"挑战的是自由这一概念本身，而不是自由的价值或目的。

"PO 惩罚"挑战的是惩罚这一概念本身，而不是动用惩罚的情况和目的。

正如前文所述，最需要挑战的就是最常用的概念，因为不太常用的概念可能会一直经历挑战和重组。但常用概念因为常被使用而多了一层保护。

聚焦

陈旧模式可能指的是特定的概念、词组或一个完整的想法，因此如果能具体指明PO挑战的对象，那么效果可能会更好。为达到这个目的，我们要牢记挑战的对象，并以PO开头。

"教育的意义，就是训练大脑以及传承人类有史以来积累的知识。"

有人可能会回复："PO训练大脑"或"PO人类有史以来积累的知识"，甚至"PO训练"。

在这种用法下，PO充当的是一种聚焦的工具，用以将关注点转移到某些被广为接受的概念上。人们在重新审视其他概念的同时，往往忽略了这些常见概念。

发现更多选择

在一些情况下，努力寻找看待问题的其他方式是合理的，因为现有方式可能无法让人满意。而PO的作用，就是在不合逻辑的情况下也提出这种要求。使用PO时，我们可以不断地生成其他想法，即便到了荒谬的地步也不必停下来。因为我们在这种情况下并没有合理的理由去要求生成其他想法，所以需要 PO 这种不拘于理性的工具来提供人为的刺激因素。

"春天来了，鸟儿带着翅膀飞翔。"

"不，应该是翅膀带着鸟儿飞翔。"

"PO。"

"鸟儿和翅膀的方向实际是一样的。"

此处的 PO 被用于邀请（或要求）对方生成对信息的其他编排方式。PO 的作用还包括为这些编排方式提供合理性，因为它明确地表明，这些方式只是有别于现有方式，它们不一定更好，甚至也不一定合理。

反傲慢

PO 最有价值的功能之一是可用作反傲慢工具。PO 提醒我们牢记大脑记忆表层的活动。它提醒我们牢记，看似必然的某种信息编排方式很可能含有武断的成分。它提醒我们牢记，确定性虽然有效但并不绝对。它提醒我们牢记，不能因为某一种特定的信息安排方式是确定的，就排除还存在其他编排方式的可能性。PO 挑战的是教条主义和绝对主义，挑战的是任何绝对表述、判断或视角的傲慢。

在这种用法下，PO 的含义不是代表某个表述是错误的，也不代表 PO 的发起者本人对表述存在任何怀疑（更不用提合理怀疑）。PO

的全部含义，就是指出该表述存在一定的武断性，并不是在所有情况下都合理。

PO还代表下列含义："你可能是对的，你的逻辑可能是无懈可击的。但你从武断的想法入手，你使用的概念便也是武断的，因为两者都来自你的个人经验或者某种特定文化的集体经验。"此外，大脑这种信息处理系统也存在一定的局限性。你在特定的背景下或者在使用某些概念的情况下可能是正确的，但这些都不是绝对的。

使用PO的目的不是制造疑虑，进而导致最初的想法无法使用。PO针对的对象永远不是想法本身，而是傲慢，以及排除其他可能性的武断态度。

对抗NO

NO是一种方便的信息处理工具，也是一种高度明确、高度绝对的工具。NO也接近于一种永久标签。这个标签的持久性、明确性和绝对否定性，可能只是基于不足取信的证据。但一旦贴上这一标签，它就会发挥全部威力，最初动用标签的理由是否充分会被彻底忽略。还可能会出现这样的情况：最初贴标签时的理由是充分的，但随着情况变化，这个标签已经不再合理，但遗憾的是，这个标签会一直贴着，直到我们有意识地将它撕下来为止——也就是说，这个标签停留的时间，并不是由理由的充分性所决定的。主动反思是否有足够的理由保留这个标签也并不容易,因为在实际检验之前,我们也无法获知重新检验是否有价值。NO 这个标签会推迟检验行动的到来。

PO 可用于对抗 NO 标签所设置的绝对障碍。和往常一样,PO 不是评判。PO 不代表 NO 标签不正确,甚至也不代表对 NO 标签本身存在疑虑。实际上,PO 的意思只是:"让我们先把这个 NO 标签遮住一会儿,在假装没有这个标签的情况下推进思路。"在审视过程中,我们可能很容易发现这个标签不再合理,也可能发现标签本身依然合理,但隐藏在标签背后的信息可以用在其他地方。

思考这样一句表述:"心脏停止跳动后,人就失去生命。"这种表述可以转换为:"PO 即使心脏停止跳动,你也可以继续活着。"由此出发,我们会考虑到维持心跳的人工设备,可以考虑人造心脏或心脏移植。我们还会考虑有必要设立宣判死亡的新标准,因为即便在大脑遭遇不可逆转的损伤的情况下,仍然可以依靠人工方式维持心跳。

科学史上有很多这样的例子,原本被认定不可能的想法,之后却被证明是可能的。比空气重的飞行器就是这些例子中的一个。1941 年,有人证明火箭要将 1 磅的负载送上月球,自重要达到 100 万磅。但最终将人类送上月球的火箭重量明显小于这个数字。

任何对 NO 标签的确定的使用,都是对使用 PO 的呼唤。

反分割

PO 在挑战概念的过程中，同时也挑战了将事物划分为两个不同概念的分割界限。也就是说，PO 挑战的不仅是概念本身，还包括促成不同概念的分割界限。大脑具有创建模式的倾向，它会将原本应该分开的事物组合在一起，也会将原本应该组合在一起的事物分开。这种人为界定的差异性和人为界定的同一性，都可以是 PO 挑战的对象。

如果两种事物以某一分割界限分开，PO 可以挑战分割界限本身，也可以将注意力从两者的差异点上转移到两者的共同点上。

刻板的分割、分类、类别和两极化都很有用，但它们同时也具有一定的局限性。PO 对抗 NO 时，它的功能就体现在暂时将标签移开，让信息重新组合以供重新评估，也就是将信息从格子里拉出来，让它们相互作用。事物的分类依据，可能基于某一种具体特征或者某一种具体功能。分类一旦完成，标签就会固定不变，导致所有其他特征和功能都被逐渐遗忘。我们不会通过某个标签去寻找和该标签无关的功能。就好像文件归档系统一样，如果归档错误，文件就基本上找不到了。这种情况还不如一开始就不归档。

铁锹和扫帚是两种全然不同的东西。"铁锹 PO 扫帚"将关注点放在两者的相似点上：两者的功能，都由杆部底端的部分完成；两

20. 新词 PO

者都有长杆；两者都能以左手或右手使用；两者都由一个狭长的部分和一个较宽的部分组合在一起；两者都能用来从某个地方清除某物；两者都能被用作武器；两者都能用来把门撑开；等等。

"艺术家 PO 技术专家"。我们很喜欢给人贴上标签进行分类。不同类别的人群差别越大，分类看起来就越有用。这是因为当不同类别人群差异越大时，越容易预测各类人会有什么行为。"艺术家 PO 技术专家"挑战的是两种类型之间假定存在的巨大差异。PO 可能发现两种类型的人都可能尝试做同样的事情：获得某种成果。虽然他们使用的材料不同，但方法是相同的：将经验、信息、实验和判断整合在一起。PO 还可能发现，如今使用新型媒体的艺术家，从某种意义上讲也是技术人员。

转向

PO 对概念发起挑战，会挑战不同概念之间的分割界限，同时会挑战一个概念的发展路线。有时，某种想法的发展路线是自然而明显的，我们会沿着这条路线顺畅地推进，全然不会考虑是否还可以探索其他路线。为避免这种现象，我们可以将 PO 用作一种暂时封锁道路的工具。PO 相当于一种特殊的 NO，只是不像 NO 那样具有评判性和永久性。实际上，PO 的含义是："这确实是自然的发展路线，但我们先暂时将这条路线堵上，以便去探索其他路线。"

"企业存在的目的是实现盈利。而获取利润的方式，就是采用最有效的生产方式，加上全面的营销并考虑市场可以承受的价格上限……"这是一个自然而合理的思路。但如果我们要挑战"PO盈利"，就会探讨其他可能的思路。比如"企业还具有社会责任，它必须提供一种环境，员工在其中可以通过生产活动为社会做出最大贡献"。

"企业是一个有效率的生产单元，效率而不是盈利才是其最重要的目标。"

"企业只是生产组织的一个进化阶段，它唯一的合理性便是历史的特定阶段的产物。"

如果巧妙地使用PO，就能在某些关键点将旧思路堵住，将思路转到新路径上来。PO为选择既不明显也非最佳的思路提供了理由。

PO与过度反应

PO的总体功能相当于一剂放松剂，缓解以某种特定方式看待事物的刻板思想。在某些情况下，以刻板的方式看待事物可能会导致情绪上的过度反应。这时，PO就像大笑或微笑的功能，用以缓解僵化视角所带来的紧张气氛。当看待问题的某种特定方式被突然扭转后，我们也可以微笑面对。PO为这种视角改变创造了可能。也就是说，PO的作用是动摇某一视角的必然性。

PO 的一般功能

PO 能解放语言和思想。PO 是实施水平思考的工具。

PO 让我们关注大脑的模式创建行为，大脑倾向于创建僵化模式。PO 让我们关注存在陈旧模式和看待问题的刻板方式的情况。PO 让我们关注可以通过洞察力重组而不必补充更多信息便可以创建新模式的情况。即便 PO 只是在提醒我们关注这些事实，它的作用也是巨大的。

作为一种实际的语言工具，PO 的功能是表明水平思考方式正被使用。PO 表示眼前的信息编排方式从水平思考的角度看是合理的，即使它在其他思考框架下会显得毫无逻辑。如果没有像 PO 这样明确的指示词，在普通的垂直思考讨论过程中忽然插入水平思考就会使人们产生困惑。

PO 不是一种选择性工具，而是一种生成性工具。PO 永远不会评判。PO 从不考察某一种信息编排方式形成的原因，只关注它可能带来的结果。PO 并不是反对或反抗评判，只是越过评判，它能保护信息编排方式免受评判。

从本质上看，PO 是一种能让我们超越最明显、最合理的信息使用方式以考虑其他方式的工具。PO 让我们能以不合理的方式对信息进行编排，也让我们挑战已经充分证明合理的信息编排方式。

PO看起来是一种颠覆性工具,用来打破高度有效的逻辑思考系统、永久性概念以及对最明显方式的坚守。但事实上,PO的目的不是颠覆,而是逃脱。它并没有破坏这个系统的有效性,而是在完善这个系统。它采用的具体方式就是打破这个系统的主要局限,即它的刻板性。它相当于让我们短暂地脱离常见逻辑惯例的影响,但并不是攻击这些惯例本身。如果没有传统垂直思考所提供的稳定背景,PO也发挥不了太大作用。因为在一片混乱的背景下,根本不存在要逃离的刻板思路,也不存在建立新模式(洞察力)的可能性。PO这种工具,实际上是在通过完善垂直思考来提升这种思考方法的效率,具体方式就是提供一种途径来绕过垂直思考进而生成启发性因素。一旦新模式形成,我们还可以使用高度严谨的垂直思考方式来发展模式和评判模式。

PO与其他概念的相似性

有人可能会觉得PO的一些功能与假设、可能、假定及诗歌所具有的功能高度相似。PO有些功能确实与上述这些概念相似(如半确定功能),但也有些功能与这些概念全然不同(比如将完全无关的材料并置的功能)。假设、可能、假定和PO之间的关系并不紧密,它们只包含了看似合理但无法证明的信息编排方式,它们是现有条件下可接受的对信息编排最佳方式的推测。而PO则允许以完全不合理的方式使用信息。最重要的差异在于，假设、可能、假定这些概念语对信息的使用是因为信息本身，即便这种使用只是尝试性的。而 PO 对信息的使用则不是因为信息本身，而是因为它可能带来的效果。从这个角度讲，也许和 PO 最接近的概念是诗歌，因为诗歌对词语的使用也不是基于词语本身的含义，而是基于它的刺激性效果。

PO 的机理

PO 为什么能发挥作用？PO 在计算机这种线性系统中永远无法发挥作用，因为这种系统对信息的编排总是依据程序认定的可行条件下的最佳方式。但在自我效能最大化系统或幽默系统中，将信息编排为模式的过程在很大程度上取决于信息到达的顺序。因此，A→B→C→D 和 B→D→A→C 两种顺序下所生成的模式不同，这两种模式也不同于 A、B、C、D 一同到达时可能生成的最佳模式。计算机这种线性系统有巨大的连续性，这就意味着补充和组合模式很简单，但重组模式却非常困难，还有一些模式是从其他的大脑系统中直接获取的现成模式。

大脑本身有创建模式的趋向。而模式一旦创建，就会得到进一步巩固。因此，我们需要某种途径来打破模式，以便让信息以新方式组合在一起。PO 就是这种途径，因为它是水平思考的工具。我们需要 PO，是由自我效能最大化记忆系统的行为所决定的。PO 能发挥作用，是由这种系统的本质所决定的。大脑这种自我效能最大化系统一定会形成某种模式。如果充分动摇了旧模式，新模式就会应运而生，这个过程就是洞察力重组。

PO 的作用是打破模式、撼动模式，它是以新方式来组合信息的催化剂。PO 发挥作用后，大脑的自然行为会继续组建新模式。如果没有这种行为，PO 也就没用了。

对旧模式的改变越大，组建新模式的可能性就越大。"合理的"信息编排方式与原有方式过于相似，无法形成新模式，因此，PO 需要超越合理性的约束。PO 关注的不是以某种方式使用信息的原因，而是它可能带来的结果。新模式一旦形成，就必须按惯常方式接受评判。

在利用虹吸管排干桶里的水的过程中，水必须先沿着管向上流，这并不是水流的自然方向。但一旦到达了某个位置，虹吸效应形成，水就开始自然地流到桶外，直到桶里的水被完全排空为止（见图 20-3）。同样的道理，我们需要以非自然的方式使用信息，才能刺激信息重组，最终生成完全自然的重组方式。

PO 的语法用法

我们可以自然地使用 PO，最重要的一点是要将 PO 针对的对象

图 20-3 虹吸管的作用机制

说清楚。PO 有两个主要功能，一是保护信息编排方式免受评判，表明使用这种方式只是为了启发思路；二是挑战某种具体的信息编排方式，包括想法、概念或看待事物的方式。在第二种用法中，需要先重复一遍要挑战的内容，再加上 PO。在第一种用法中，PO 针对的是新材料。

PO 作为插入语

在这种情况下，PO 本身可以作为回复或可以作为中间插入的一个打断，就像 NO 的用法一样，用以表明对某种看待问题的方式提出质疑。

例："体育的宗旨，是鼓励竞争意识和求胜意识。"

"PO！"

PO 作为前缀

在这种情况下，PO 放在句首或词组、词语前，起限定作用。限定的具体形式，可以是质疑，也可以是引入启发性信息。

例："只有所有成员都绝对服从，组织才能高效运转。"

"PO 高效运转。"

再比如"PO 用橡胶钝齿轮的钟表"。

PO 用以表示并列

将两个词语毫无缘由地并置在一起时，可以用 PO 来表明两者之间的这种关系。同样，也可以在讨论时使用 PO 引入随机词语。

例："旅行 PO 墨水"或"PO 袋鼠"。

将 PO 放在与 NO 或 NOT 类似的位置

PO 可以放在任何能使用 NO 的位置，限定对象与 NO 相同。

例："周三 PO 假期。"

实际情况下，最好将 PO 放在句首或用作词组前缀，或放在被限定的词语前。PO 不一定要用大写字母表示。但在习惯 PO 的用法之前，最好还是继续使用大写字母。如果在使用 PO 时发现对方并不清楚 PO 的用法，可以按下列方式简单解释：

1. 质疑功能。PO 的意思是，你很有可能是对的，但让我们尝试换一种方式来看待问题。

2. 启发功能。PO 的意思是，我只想看看它能引申出什么思路，看看这种组合事物的方式是否能激发出一些新想法。

3. 反傲慢功能。PO 意味着摒弃傲慢态度和教条主义。不要让思想太狭隘。

4. 过度反应。PO 的意思是，让我们先冷静一下，没有必要因此而烦躁。

练习一

PO 是水平思考的语言工具。它的应用体现了水平思考的概念和功能。我们如果掌握了使用 PO 的方法，就相当于掌握了如何使用水平思考。可见使用 PO 的练习至关重要。学习使用 PO 的方法和学习使用 NO 的方法类似。但学习使用 NO 是一个循序渐进的过程，持续数年之久。而学习 PO 时，我们要努力在更短的时间内达到相同的效果。老师最好谨慎而缓慢地推进，不要因为一味追求速度而导致讲授的 PO 用法不正确或不全面。

在讲授如何使用 PO 的过程中，老师最好介绍 PO 的整体概念，不要刻板地限制在用得上 PO 的情况。但不管怎样，老师都必须展示 PO 在语言环境中的实际应用，不能只停留在理论层面。

PO 是一种水平思考工具，因此，之前的任何一个练习环节都可以改造为使用 PO 工具的练习。但如果能设计具体体现 PO 功能的特定情境，练习的效果会更好。

本部分罗列了 PO 功能的若干方面。老师可以在解释 PO 性质的过程中提及这些方面，并主动提供或要求学员提供更多示例。在实际练习中，最好将 PO 的功能进行分类，概括为几点用途，相比详细地介绍每种用途，这样更不容易造成混淆。

PO 的功能包含两个基本方面：

1. 对 PO 的反应。

2. PO 的使用。

对 PO 的反应

在学习使用 PO 之前最好先学习如何对 PO 做出反应。这种看似矛盾的安排实际上是有道理的。因为只有先学会如何反应，才能真正领会使用 PO 的原因，才能在后续练习使用 PO 的过程中采取更实际的方式，因为使用和反应是不可分割的两个方面。

与 PO 反应相关的要点总结如下：

1. PO 永远不是一种判断。这就意味着 PO 既不是在提出异议，也不是在表达疑虑。因此，对 PO 的反应永远不会是辩解，也不会是怒气冲冲的反驳："还能怎么表达？你要怎么表达？"PO 还意味着，提出 PO 的人可能并没有更好的想法，甚至可能根本没有其他想法。因为 PO 的含义是："我并不是反对你的意见。但我们，我指我和你两个人，可以共同尝试换一种方式组合信息。我并不是站在你的对立面。我只希望我们两个人能共同寻找其他的信息组合方式。"重点

20. 新词 PO

要强调"共同寻找",要强调 PO 并不是要发起对抗性的辩论。因此,我们对 PO 的反应应该是努力形成其他想法,而不是动怒,或者拼命维护原有的信息组合方式。

2. PO 涉及以具有启发性的方式使用信息。这就意味着信息的组合方式可以是异想天开的,甚至可以是毫无道理的。在这种情况下,我们的反应不应该是争论这种信息组合方式能否被接受,也不必要求对方说出选择这种方式的理由,更不必暗示对方:"很好,如果你想这样组合信息也可以,但你先要证明这样的方式是有效的。"PO 的启发作用是靠提供一个可供双方合作使用的刺激因素来实现的。它的含义是:"如果将这种信息组合方式作为刺激要素,我们能由此引申出什么想法?"因此,这种情况下对 PO 的反应既不应是谴责也不应是漠视,而应是积极的合作。

3. PO 具有保护作用。这意味着 PO 能用于延迟判断或者暂时推翻判断,挽救因评判而被否决的想法。在这种情况下,对 PO 的反应不应是证明评判有必要立刻执行,也不应是带着怒意的反驳:"如果你不接受对错的正常用法,我们怎么能推进思路?"不应是带着优越感的冷漠反应:"如果你非要把黑的说成白的,还要在相当一段时间内混淆黑白,我就不奉陪了。我们可以等你自娱自乐结束后再来讨论。"和前述情形一样,正常的反应应该是双方共同探讨新问题。

4. PO 可以是松弛剂。这就意味着当我们沿着刻板的视角推进思路而导致气氛紧张甚至有人反应过激时，可以将 PO 作为一个提醒大家展露笑容的信号，从而缓解紧张的气氛并打破僵硬的视角。在这种情况下，唯一适当的反应方式，就是对 PO 做出反应（在心里耸耸肩并释然一笑），试图缓和僵硬的氛围。

5. PO 的用法可以很含糊。有时对方可能无法清楚地说明 PO 的具体使用方式以及 PO 挑战的概念。在这种情况下，我们可以要求对方说得再详细一些，或者同意对方就以这种模糊的方式使用 PO。

总而言之，关于对 PO 的反应，最重要的是必须认识到 PO 并不是在攻击任何事物，而只是在建议共同尝试重构问题。如果我们感受到了竞争氛围，可以比之前更努力地生成更多想法，从而更高效地使用 PO 并借此表达 PO 的目的。PO 或许可以刺激参与者争先恐后地分享想法，但绝对不会造成冲突。

PO 的使用

方便起见，我们可以将 PO 的众多使用方式大致分为三类。

1. 生成其他想法，反傲慢，放松，重新审视概念，重新思考，重组，意识到可能局限于陈旧模式或僵化视角。

2. 启发，将信息编排方式作为刺激因素，并置，引入随机词语，破除概念的界限，尝试荒唐或荒谬的想法。

3. 保护与挽救，延迟判断，暂时推翻判断，拿掉 NO 的标签。

20. 新词 PO

生成更多方案

PO 用以指明某种看待问题的具体方式只是众多方式中的一种，用以指明对某种视角的坚持似乎带着毫无缘由的傲慢，第一层含义只是表明可能存在看待问题的其他方式，这层含义在 PO 被用作反傲慢工具的情况下体现得更突出。

第二层含义就是对问题进行重构，在这种情况下，使用 PO 是为了寻求更多方案并进一步支持这些方案。

PO 可以应用于一个想法、一个句子、一个词组、一个概念或单个词语。

练习二

1. 老师请一名学员（可以点名，也可以由学员主动要求）谈论某个主题。备选主题可能包括：

- 太空航行的意义何在。
- 医疗救助是否应该全部免费。
- 直路是不是比弯路好。

老师使用 PO 随时打断学员发言，先加上 PO 前缀，然后重复学员发言中的某部分。在这个阶段，学员不用对老师提出的 PO 做出任何回应，他只需要在老师打断他时停下来，然后再继续。

2. 由老师来谈论某个主题，学员使用 PO 打断，具体操作方法和上述练习中的一样。讨论的主题可以是：

- 不同语言的作用。
- 大型组织是否比小型组织更高效。
- 独立工作和团队工作相比，哪种更简单。

每次学员使用 PO 打断时，老师要提出组合信息的其他方式，同时也鼓励学员各抒己见。例如，可能出现下列讨论过程：

老师：语言多样性很有意义。因为从不同的语言会发展出不同的文化，给人类带来更多趣味。

学员：PO 给人类带来更多趣味。

老师：不同的文化意味着不同的人生观、不同的习惯与行事方式、不同的艺术等。所有这些都是我们可以学习、发现并与我们自身文化进行比较的。有很多新模式等待我们探索，有很多事等待我们去做。

学员：用不同方式来表达同一件事可能有积极的意义，也可能只是浪费时间。

老师：因为跨语言交流并不完善，所以各种语言都保存着自己独特的魅力，而非具有广泛的一致性。

学员：PO 交流并不完善。

20. 新词 PO

老师：语言不通的人无法轻松交流，也无法顺畅地阅读对方的书籍。他们对彼此的影响不大。

学员：人们无法影响对方。这可能并不是件好事，因为只有通过互动才能增进了解。

老师：PO 了解。

学员：他们会知道对方的意思，以及对方的目的、需求和价值观。

3. 这种形式的讨论有可能很快就变成双向交流，如果这种变化没有发生，老师可以有意安排两位学员进行辩论，辩论过程中每位学员都可以使用 PO 来打断对方。老师也有这项权利，但除此之外，他不能以任何其他形式参与讨论。

评论

在这种讨论中，老师可能一眼看出 PO 主要被用作聚焦的工具，意思是："解释……是什么含义"或"定义……"或"阐述这一点……"。如果出现了这种情况，老师应指明 PO 的功能是获得重组，是生成事物的不同组合方式。下次使用 PO 时，老师可以叫暂停，请全体学员参与，共同列举 PO 激发出的任意事物的不同表达方式。例如，"PO 了解"可能引发下列发言：

● 认定对方和你对问题有相同的反应。

- 同样的事物对你和对对方而言具有同样的意思。

- 减少造成误解的可能性。

- 充分的同理心。

- 不需要借助翻译或其他中间人就能交流。

- 能听明白并能做出反应。

这些表达方式都不全面,甚至算不上关于"了解"的好定义。但不管怎样,它们代表了不同的表达方式。其中最好的应该算"减少造成误解的可能性"。它虽然看起来像是同义重复,但从信息完整性的角度来讲确实保留了绝大部分意思。

4. 图片解读。本练习与之前章节的图片解读练习相似。将图片注解拿掉,请一位学员解读图片的含义(如果有充足的图片备份或者能通过其他方式向全体学员展示图片,也可以邀请大家一起解读)。学员提供了一种解读方式后,老师回答"PO",意思是:"很好!继续!再想想有没有其他解读方式。它还能有什么含义?"

PO的这种用法很简单,但这样的练习很有意义。因为和其他情境相比,这种练习更能明确表明PO的用法。

在另一种用法中,PO用以表明以某种方式编排信息并无理由,只是探讨生成新思路的可能性。这种信息编排方式可以尽可能打开脑洞，尽可能不合情理。因为我们检验的对象不是编排方式本身，而是它能启发多少想法。

5. 并置。这是最简单的对信息编排方式的激发。将两个词语放在一起，中间插入 PO，然后将这些词语组合一组一组地展示给全体学员。本练习可以采取公开讨论的形式，由大家主动发言，由老师将大家的发言写在黑板上或指定某位学员记录发言。或者，也可以让大家独立思考，将想法写在纸上，再交给老师进行比较。

备选词语组合可能包括：

冰淇淋 PO 电灯。　　马 PO 毛毛虫。

书籍 PO 警察。　　雨 PO 星期三。

明星 PO 足球。　　明星 PO 决策。

鞋子 PO 食物。

老师不要明确告诉大家要将组合中的两个词语关联起来、寻找两者之间的联系或指出两者的共同点。学员能想到的任何想法，都是可接受的。不要限定想法的具体类型。如果老师在点评学员作业的过程中没有发现任何关联，可以询问学员最终想法是怎么得来的，中间省去了哪些环节。老师要关注的不是想法本身，而是得出想法的途径。

6. 随机词语。我们在前面介绍过这种方法。具体过程就是在考虑某一主题的过程中引入与该主题毫无关系的词语,看这个随机词语能激发什么想法。在这种情况下,我们可以使用 PO 来引入随机词语。或者,我们也可以选择讨论中看似重要的一个词语,通过 PO 将它与一个随机词语并置在一起。

备选的讨论主题可能包括:

- 储蓄相对消费的好处。
- 人们是不是应该随心所欲。
- 知道在哪儿寻找信息。
- 鞋子的设计。
- 体育比赛中,防守相对进攻的好处。
- 为什么人们会打架。

备选随机词语可能包括:

- 鱼线。
- 公共汽车票。
- 汽车喇叭。
- 放鸡蛋的杯子。

7. 概念重聚。PO 可用于将分割出来的独立概念重新组合在一起,也可用于移除标签,将信息解放出来。为说明 PO 的这项功能,老师应该挑选通过分割形成的独立概念,借助 PO 将它们组合在一起。按上述并置练习的方式,将这些成对的概念展示给全体学员,并检验和比较他们反馈的想法。想法最好由学员独立整理,这样最后将这些想法朗读给大家时,他们才能认识到流程的效果。

举例：

- 军人 PO 平民。
- 进攻方 PO 防守方。
- 液体 PO 固体。
- 向上 PO 向下。
- 南方 PO 北方。
- 男 PO 女。
- 灵活 PO 坚硬。
- 秩序 PO 混乱。
- 老师 PO 学员。
- 白天 PO 黑夜。
- 对 PO 错。

8. 除了将自己准备的并置词语和成对概念布置给学员之外，老师还可以让学员提供并置词语和成对概念。从学员提供的组合中选出一部分布置给大家，要求他们像在上述练习中一样做出反应。提出并置组合和成对概念的练习虽然简单，但对弄清楚 PO 的具体用法很有帮助。

9. 保护与挽救。PO 的这项功能可以用于延迟判断。实际上，它的用处是延迟否定，因为只有否定性判断才会导致某种想法被划归到考虑范围之外。PO 可用于保护想法，延迟判断，也可用于让原本被评判和否定的想法重新回到考虑范围之内。实践中，任何 NO 标签都可以召唤 PO。因为使用 NO 标签的前提，是存在一个参考框架充当评判的标准。只有用 PO 暂时推翻否定，我们才能真正地重新检验参考框架本身。

由两位学员或由老师和一位学员展开讨论。讨论一直持续，直到其中一方使用 NO 标签为止。这时，用 PO 推翻否定，并思考从被否定的陈述本身是否能引申出一些想法。

讨论主题可能包括：

- 该鼓励居民在城市生活还是在乡村生活。
- 高福利社会是否滋生懒惰。
- 服装潮流不断变化是不是好事。
- 有多少事该独立完成，有多少事应该雇人完成。
- 每节课的时间是否过长。

讨论中可能出现下列对话：

老师：应该鼓励居民在城市生活，因为乡村的生活条件不利于健康。

学员：乡村的生活条件不利于健康。PO 乡村的生活条件不利于健康。如果改善规划及交通管控，乡村的生活条件应该更有利于健康。也许乡村生活更有利于心理健康，因为社交互动比较多。

老师：如果乡村更集中、交通更通畅，它的医疗服务也能得到改善。

10. 选择一个主题，要求学员联想关于这个主题可能的否定表达。将这些表达罗列出来，并用 PO 重新检验部分表达。很明显，任何一个主题能引申出的否定表达都是无穷无尽的。例如，针对苹果这个主题，我们可以说："它不是黑色的，它不是紫色的，它不是淡紫色的……它不是橘子，它不是西红柿……"实践中，我们会忽略这份清单，或者只从中挑选出某些部分。例如，由"苹果不是西红柿"可以引申出下列思路："在某些语言中，西红柿这个词就是由苹果衍生而来的。在意大利语中，西红柿被叫作金色苹果。在瑞典语中，橘子这个词也是由苹果衍生而来的。"为避免出现这种只选择部分的情况，老师最好选择抽象概念或功能作为主题，不要选择具体物体。

可选主题可能包括：

- 工作。
- 自由。
- 责任。
- 真相。
- 服从。
- 烦恼。

关于 PO 用法的总体评述

最初的几个关于 PO 用法的练习，表现得比较刻意并且人为操作明显。而之后的练习则将普通讨论作为背景，对 PO 的运用更加自然。老师可以择机使用 PO，以说明 PO 的具体使用方式。练习还有另一个要点：无论 PO 的使用者是学员还是老师本人，老师都要在过程中注意观察其他学员对 PO 的反应。如果学员对 PO 的反应不当，就说明他们还没有理解 PO 的功能。练习的重点是培养对 PO 的正确反应，它比正确使用 PO 更重要。学员如果知道对 PO 如何反应，就一定知道如何恰当地使用 PO。

PO 的单向用法

独立思考时可以使用 PO，与他人交流时也可以使用 PO。事实上，相对于集体讨论，独立思考时使用 PO 来引入水平思考更有效。很显然，一个人使用 PO 时，不需要顾及他人是否理解它的功能。而在双向交流中，可能会出现一方使用 PO 而另一方却不知 PO 为何意的情况。如果是这样，了解 PO 用法的一方应停止使用，在向另一方解释 PO 的含义后再继续使用。本章之前部分已经介绍了简单的解释方式。如果觉得有难度，也可以简单地将 PO 形容为特殊形式的"假如"。

总　结

PO 是一种承载水平思考的语言工具。PO 也是一种洞察力工具，能让我们在使用信息时逃离已有模式并通过洞察力重组创建新模式。PO 具有一种特殊功能，这种功能只有通过 PO 工具才能完美实现。其他方式不是太麻烦，就是无效或低效。我们练习得越多，积累的技巧越多，对 PO 的运用就会越高效。我们之所以需要 PO，不是由语言决定的，而是由大脑机制决定的。

21. 开放性阻力

我很熟悉这个小镇,但要找到这家餐厅还得靠别人指路。对方提供的路线很清楚,因为这条路线一共跨越三个分区,每个分区都包含一个明显的标志性建筑。因为平时经常开车经过,所以我对这三个分区都很熟悉。有一天,一些朋友也要去那家餐厅。我和他们从同一个地点同时出发,却晚到很长时间。我问他们是不是车速太快,但得到的回答是否定的。接着,我又询问他们的具体路线。他们解释说,走了一条小路(见图21-1)。

他们拐个弯后可以直接到达餐厅,我却多此一举地在小镇中

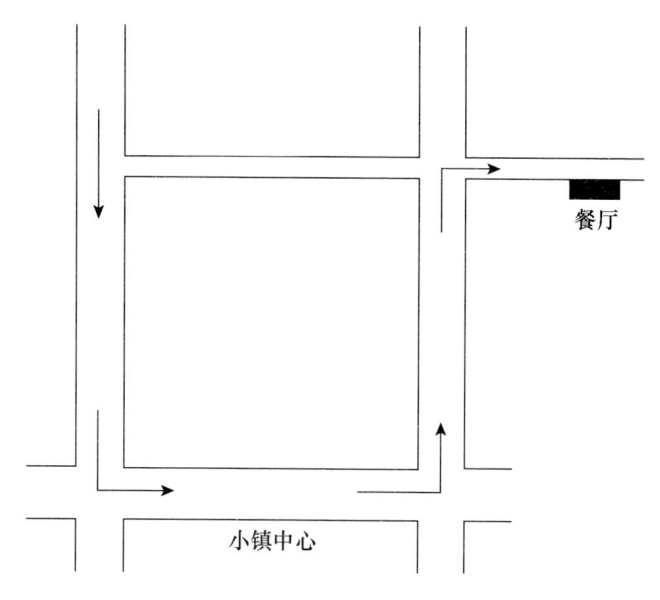

图 21 - 1　到达餐厅的路线

绕了个弯。因为我一直对自己的路线很满意，所以从来没想过要抄近道，也从来都不知道有近道可抄。我每次都经过这个小路口，却从来没有拐进去过，因为没有理由这样做。就因为从来没有拐进去过，我也一直都没发现这条小路的价值。我一开始得到的路线以大型路段和固有分区为参照，因为这样指路最简单。之后我也没有任何原因要打破固有的分区方式。由此可见，阻塞思路的原因有三种，具体如图 21 - 2 所示。

1. 造成阻塞的第一种原因是空白。我们之所以无法继续前进，是因为前方没路。我们需要另找一条路，或者造桥过河。也就是说，

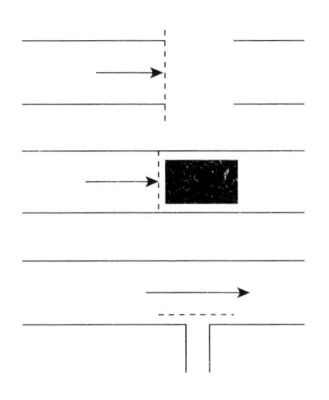

图 21 - 2　阻塞思路的三种原因

我们得收集更多信息，或者通过实验生成更多信息。

2.造成阻塞的第二种原因是障碍。在这种情况下，有明显的障碍阻挡进程。为继续前进，我们必须设法清除障碍或者绕过障碍。一旦成功解除掉了障碍，前进起来就容易了，因为前方一直有路。所以我们在解决问题的过程中应该将重点放在扫除障碍上。

3.造成阻塞的第三种原因恰恰是看不到任何障碍。因为路线明确而顺畅，所以我们只顾着前进，在经过关键路口时根本没有注意到它的存在。在这种情况下，我们会沿着某一种看待问题的特定思路前进，因此忽略了更好的思路。因为第一条路能满足需要，所以我们不会去思考是否还有其他路可走，更不用说刻意去寻找其他路了。

第三种阻塞是因为我们被能满足需要的畅通路线阻塞了思路。避免造成这种阻塞,正是水平思考的意义所在。水平思考时,我们不会遵循大脑记忆表层的固有模式,而是会寻找捷径以达到重组模式的目的。就好像前面讲到的去餐厅的路线,固有模式建立在熟悉分区的基础上。即便这些模式能满足需要,我们也不应因此而排除还存在更有效的模式。

如果将事物以一种特定方式组合在一起形成一种特定模式,就扼杀了换一种组合方式从而形成另一种模式的可能性。图21-3展示的是三个图形的摆放方式,它的出现会让我们忽略还存在其他摆放方式,因为模式具有排他性。但无论某种模式多让人满意,也不应该因此而排除还存在其他更好方式的可能性。但问题是,这种更好的方式不能从现有模式中引申出来,只有摆脱现有模式的影响才能发现它。如果现有方式已经能充分满足要求,从逻辑上讲就没有任何理由要去寻找更好的方式,因为现有方式已经够好了。有趣的是,大脑有专门处理"错误"的方法,却没有处理"正确"的方法。对于"错误",我们会进一步挖掘错误的原因。但对于"正确",我们的思路会停滞,不再继续深入。因此,我们需要水平思考来打破阻塞并重组模式,即便不存在这么做的必要。

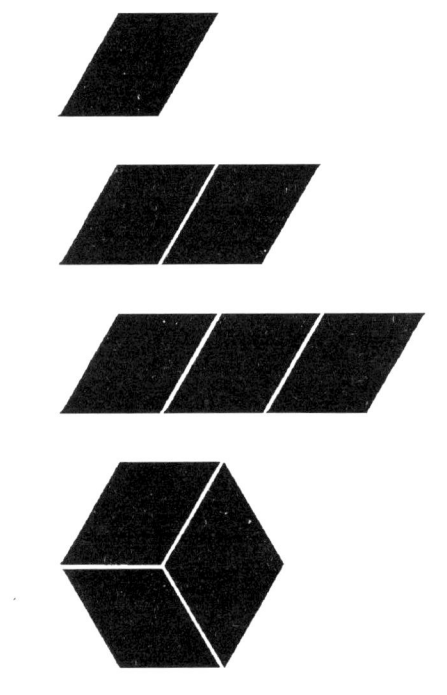

图 21 - 3　三个图形的摆放方式

处理因通畅而造成的阻塞，难点在于没有任何迹象表明阻塞具体出现在什么地方，它可能在这条看似正确的道路上的任何一个地方出现。图 21 - 4 展示了两种分支模式。第一种模式下，每个分支点都有明确的方向变化，要求我们或者向左或者向右。也就是说，我们永远都能注意到分支点的存在。但在第二种模式中，从一条主路延伸出很多支路。如果沿着主路走，你就可能无法注意到某条支路或者某个选择点的存在。我们会因主路的通畅而被蒙蔽。

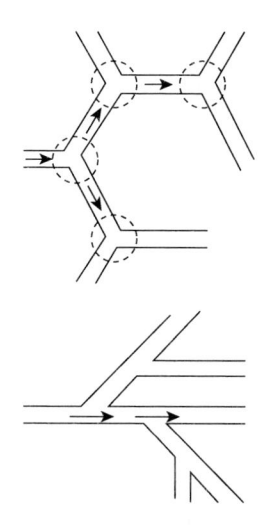

图 21－4　两种分支模式

在第一种模式中，我们走到死胡同后会重新回到分支点去尝试另一条支路。我们可以一个接一个分支点地试过去，不断重复之前的过程。但在第二种模式下，我们走到死胡同后不太可能走回到之前的分支点，因为我们根本不知道分支点的具体位置——在来的路上，我们并没有在分支点停下来做选择。

陈旧模式组合在一起就构成了直线式分支系统的主路。我们沿着主路顺畅地前进，不会注意到还可以拐进支路。所以，遇到死胡同之后，我们也不知道该往哪儿走。

图 21－5 先展示了一块塑料板，接着出现了第二块塑料板，要求将它们摆放成便于描述的简单图形，摆放方式很明显，如图 21－5 所

示。接着又出现一块塑料板，此时摆放方式依旧很明显。接着再添一块板，这时再将它们组装在一起就不容易了。之前我们将第二块板放在了第一块板的缺角，这种模式显而易见，可以归为习惯模式。面对习惯模式，我们会使用它，而不是打破它。正因为这样，问题最后解决起来才变得很困难，因为第二块板必须得放在另外的位置。

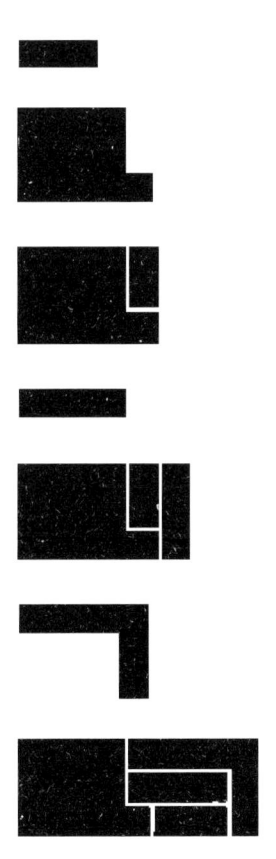

图 21-5　摆放塑料板的习惯模式

习惯模式就是令人满意的固有模式，它们不仅有效，而且效果还不错。它们有三种使用方式：

1. 用于交流。用习惯模式来解释问题，比创建新模式更简单。

2. 如果环境中有几种不同的模式，我们最容易选择习惯模式。

3. 只要给出模式的一部分，我们就能推断出完整的模式——完整的习惯模式。

我有一天在学校自助餐厅吃午饭，注意到另一桌坐着一个留长发、长相精致的学员。我观察了好一会儿，觉得从外表看很难分辨这个学员的性别。直到几分钟之后，我才突然注意到他有胡子。我在内心深处先入为主地只凭长发和面容精致就判断这名学员可能是女孩，压根儿没注意到他有胡子。也就是说，我们有时可能一上来就直奔习惯模式，压根儿不会注意到其他同样显眼的模式。

即便用一张纸将普通字母遮住一部分，我们也能猜出是哪个字母。因为字母形状本身属于习惯模式，我们只需要少许提示就能推断出字母剩余部分。以这种方式辨认字母其实很简单，因为我们知道从哪些可能性入手，也知道最终图案一定是字母。但假设被遮住的图案不一定是字母，而是完全不同的图案，露出来的部分看起来还像字母吗（见图21-6）？我们可能继续按习惯的图案推断，最终得出错误的答案。假设我们并不知道所有字母的形状，也有可能得出错误答案。现实生活中，我们在推断完整模式时总会想当然地认为它们是标准的习惯模式。

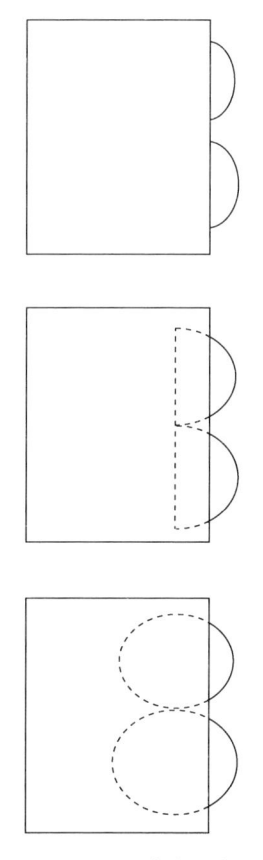

图 21-6　辨认被遮住的图案

因通畅思路而带来阻塞的过程在思考中很常见。从某种意义上讲，它是思考的基础，因为我们思考时必须基于过往的经验假设和猜测。这个过程虽然很有效，但也有很多明显的局限性，尤其是不利于生成新想法和新模式。通畅思路导致阻塞，是我们需要水平思考的根本原因。因为水平思考的目的就是尝试寻找其他路径，尝试以新方式将信息组合在一起，无论旧方式看起来多么合意。

练 习

本练习环节只有一个目的，不是培养任何技能，而是举例说明开放性阻力的现象，具体方式是证明我们多么容易因为看似合意的解释而满足。

1. 故事、趣闻、笑话。请学员举例说明开放性阻力的现象。例子可以来自他们的亲身经历，也可以是听来的故事。老师可以记录这些故事，将它们积累起来用作素材。老师应先通过事先准备好的事例说明练习的具体要求。下面是一个例子：

我留一位客人在家里过夜。客人走后，我发现阅读灯不亮了。我检查了灯泡和保险丝，但还是不管用。在检查插座之前，我忽然想到客人关灯时用的可能是灯座上的开关，而不是我常用的墙壁开关。最后，我发现这个猜想是正确的。

2. 向学员展示部分图片，或者用硬纸板将完整图片遮起来一部分。请大家判断图片的含义，鼓励他们在图片剩余部分揭晓之前快速得出结论。

3. 使用空格。第一种方式是请学员针对某个主题写一小段文字，通篇阅读后删去明示或暗示主题的所有词语。接着重新整理这段文字，用空格来代替这些词语。第二种方式是由学员写一段文字，老师删去其中可能泄露主题的词语，用空格代替。第三种方式是从报纸或杂志上摘录一段文字，采取相同的处理方式。在学员落笔之前最好先给他们举个例子，让他们明白练习的具体要求。之后，将穿插着空格的段落读给其他同学，要求其他同学判断这段文字的主题，并将空格逐个补充完整。这个环节应由学员独立完成，最后由老师比较每位学员的作业。

　　他站在_____边。每次_____靠近他，他都会举手，同时举起_____。一段时间后，他终于找到了_____。但即便如此，他也没有_____。

　　这段文字中的空格可以代表任何被省略的内容。老师应事先指明空格不一定是单个词语，也可以是一组词语。这一点很重要。这样，空格上可以填"车"，也可以填"开车去"。

22. 描述、问题解决、设计

上一章探讨的是开放性阻力影响想法的情况，具体分析了足够用的已有模式如何阻碍新模式的生成，进而导致我们无法更好地利用现有信息。受惯常教育的影响，我们的思考过程只持续到发现合适的答案，便不再继续思考了。如果答案不如人意，我们会不断深入思考。但一旦发现了满意的答案，我们就会马上停下来，即使还有其他更好的答案或信息编排方式等着我们。这些问题都涉及水平思考的第一个层面，也就是启发我们意识到已有模式的局限性，这些已有模式会产生三种影响：

1. 它们会形成实际上本不存在的问题，这些问题包括特定的分割、两极化和概念化。

2. 它们是陷阱或桎梏，让我们无法更加有效地编排信息。

3. 它们能借合适之名而阻塞思路。

水平思考的第一个层面，就是认识到上述问题以及运用水平思考的必要性。第二个层面，就是培养运用水平思考的技能。

将水平思考视为抽象过程没有太大意义，将水平思考等同于创造力因而判定其具有普遍可取性，也没有太大意义。不应该认为水平思考只在特定的时间和特定的情况下对一些人有用。水平思考是必不可少的一种思考方法，它和我们每个人都息息相关。我们不仅要认识到水平思考的必要性并认可它的价值，还要进一步练习使用这种思考方法。本书从头至尾介绍了很多练习水平思考的不同方法。每项练习都针对某一种具体方法的应用。除了这些专门的练习之外，我们还需要一般性的实践环境。在应对一般性环境的过程中，我们可以运用学过的方法技巧，也可以培养自己独特的思考习惯和运用水平思考的独特方式。

我们可能有机会深入参与某个项目。整个项目进程，都是运用水平思考的宝贵机会。实际上，如果深入参与专业化项目，练习水平思考的机会就比较少，因为这种项目的重点在于收集或应用专业化知识，这是垂直思考的范畴。而只有在关注怎样才能最好地运用已有信息的情况下，水平思考才能最大限度地发挥作用。因此，和参与一个大项目相比，通过众多小项目来练习水平思考的效果要好很多。

适合运用水平思考的三种实践环境包括：

1. 描述。
2. 问题解决。
3. 设计。

描 述

对于同一个物体或问题，不同的人可能采取不同的方式描述。描述可以是多种多样的，就好比视角可以是多种多样的。有些描述可能比其他描述更有效、更全面。但一种描述是正确的，不代表其他描述都是错误的。我们可以通过描述这种简单的方式来说明看待同一个问题可以有多种不同的方式。同样，我们也可以通过这种简单方式来培养以不同方式看待事物的能力。另外，在学习寻找不同视角的过程中，我们也会从思想上做好准备去接受他人视角的合理性。

借助描述，我们可以展示自己对一个事物的理解方式，也就是说，我们在心里是怎样向自己解释这个事物的。在描述事物的过程中，我们必须将自己暂时限定在某一个具体的视角里，这就意味着我们需要占据一个明确的视角,不能立场模糊。

描述练习的目的是认识到看待问题的方式不止一种,并培养我们独立发现其他方式的能力。因此,描述练习看重的不是描述的正确性,而是不同描述之间的差异性,以及对新的描述方法的运用。

描述的对象可以是图片,可以是照片,也可以是学员自己画的图。最好从简单的几何图形开始,再从视觉素材慢慢过渡到书面素材。描述书面素材的过程,实际上是对已有描述进行再描述的过程。可供选择的素材包括故事以及从图书或报纸中摘抄的文章,也可以选择现实生活中的事物,说出事物名称,要求学员给出相应的描述。例如,老师可以要求学员描述收割机或议会体制。表演形式的猜谜游戏也可以作为描述的对象。显然,对于可供描述的对象,不存在任何限制。

描述可以是口头的,也可以是书面的,甚至可以采取图像形式。老师收集好各种描述之后,要将重点放在展示描述方法的差异性上,同时还应该鼓励大家寻找更多方法。

虽然我们的目的不是寻找可行条件下的最佳描述,但还是要时刻牢记什么样的描述是有效的、什么样的描述无效。我们并不是要通过被描述对象来激发新想法,我们的任务不是生成与被描述素材相关的想法,我们的任务只是描述那个素材。评判一个描述是否恰当的最佳标准是:

22. 描述、问题解决、设计

"假定你要向无法亲眼见证的人描述这个场景，你会怎样描述？"

我们不是要寻找全面或学究式的描述方式。只要描述是生动的，即便它只包含了素材的一个方面，也不错。描述可能只描述了素材的一部分，也可能全面描述素材，或是概述性的。

例如，我们在描述几何图形时可能采取以下方式：

1. 四边相等的图形。

2. 只有四个角且四个角都是直角的图形。

3. 各边相等的长方形。

4. 先朝南走两英里，然后向正东转，继续走两英里，再向正北转，继续走两英里，再向正西转，继续走两英里。从飞机上往下看，你的路线就是一个正方形。

5. 如果将长为宽两倍的长方形从较长边的正中间剪开，就会得到两个正方形。

6. 如果将两个等边直角三角形底边对底边地摆放在一起，就会得到一个正方形。

上面有些描述显然是不全面的，还有些特别累赘。

在练习水平思考时，描述是最简单的方法，因为总会得到结果。

问题解决

和描述一样，问题解决也是本书练习环节的常见形式。问题不一定是只在教科书中出现的拟定出的题目，也可以只是目前状况和理想状况之间的差距，任何疑问句都可以转化为问题。

提出问题、解决问题是前瞻性思考和向前推进的基础，如果说描述是回头看当下的状况，那么问题解决就是向前展望能发展成什么样。

任何问题都有一个期望的终点——我们希望实现的结果，我们希望实现的结果表现为以下几种形式：

1. 解决难题（交通拥堵问题）。

2. 创造新事物（设计苹果采摘机）。

3. 杜绝令人不满的问题（道路事故、饥荒）。

所有这些不过是同一个过程的不同方面，都是使状况发生变化的过程。例如，交通问题能通过下列三种方式表达：

1. 解决交通拥堵的难题。

2. 设计能保障车流顺畅的道路系统。

3. 消除交通拥堵造成的烦躁情绪和误时问题。

问题可分为开放性问题和封闭性问题。本书使用的大多数问题都是开放性问题，因为我们在课程中没有足够的时间或条件去实际试验我们对实际生活问题的解决方案是否合理。对于开放性问题，我们只能针对如何解决问题提供建议。因为无法真正试验这些建议能否奏效，所以我们必须以其他方式做出评判。评判的基准是按照

22. 描述、问题解决、设计

我们的设想，实际尝试这些解决方案会产生什么效果。评判的工作可以由老师或其他学员完成。但练习的重点不是评判提出的解决方案，而是生成不同方法。在可行的情况下，我们要认可提议甚至是进一步深化提议，而不是直接否决提议。行使评判权的情形只有一种，就是提议偏离问题太远，参与者的关注点已经不再是如何解决问题。虽然大家在对这个问题的讨论中生成的信息可能事实上解决了另一个问题，但问题解决练习的目的还是努力找到我们给定的问题的解决方案。

封闭性问题有明确的答案。解决方案要么是可行的，要么是不可行的。对于封闭性问题，可能只有一种解决方案，但更多情况下是有多种解决方案的。最好是能找到多种解决方案，我们不建议只找到最佳方案便停止。封闭性问题要足够简单，因为要能在简单的环境下便可以解决这个问题。或者，我们可以借助一个像数学那样的符号系统，设立一个自己的对真实世界的建模。但最好还是避开纯粹的数学问题，因为解决数学问题需要很多算法和知识。有各种可以用语言解决的语言问题，虽然其中一些涉及最简单的数学运算，但答案还在于看待问题的方式（例如，有一列鸭子排队往前走，有两只鸭子走在一只鸭子的前面，有两只鸭子走在一只鸭子的后面。一共有几只鸭子？答案是三只鸭子）。我们可以将平时碰到的这类问题随时记录下来以备用。有一点很重要，提问题不能玩文字游戏，因为老师不能给大家留下是在通过双关语或其他手段开玩笑的印象。

很有用的一类问题是人为设定的封闭性机械问题，这类问题针对的是真实事物，例如，如何拿着长梯子穿过窄房间。设定这种问题很容易，只要选一项简单而直接的活动，然后限定起始条件即可。例如，"如何在不把水杯从桌子上拿起来的情况下清空一杯水？"再例如，"如何用报纸带走1.5升的水？"对于这种问题，我们在界定起始条件时一定要极其谨慎，不能在事后回过头来说某些因素是假定的或想当然的。例如，如果题目要求是将明信片剪成特定的形状，老师不能说"但我没说你们可以折叠这张明信片"或者"题目一开始就假定不能折叠明信片，否则这道题就太简单了"。这一点很重要，因为如果教学员在解决问题的过程中预设条件或设定界限，就相当于和水平思考的原则直接相悖。因为水平思考的目的，就是质疑这些假设的局限性。

很多这种人为设计的封闭性问题可能看似微不足道，但即便如此也没关系，因为我们可以从中分离出解决问题的过程，并用来解决其他问题。我们的目的只是探寻问题解决的过程而已。

除了开放性问题和封闭性问题，另一种问题也适用于课堂环境，但需要事先做好准备。练习中，老师给学员布置已有解决方案的问题，但解决方案暂时保密。老师要事先思考在假设尚未发现解决方案的前提下该如何表述问题。问题必须是学员不熟悉的。例如，如何制作塑料桶或塑料管？老师知道可以采取模塑、真空吸塑、挤塑成型等方法，但这些答案到最后才能公布，因为先要鼓励大家各抒己见。老师要事先询问是否有人知道问题答案，因为必须事先嘱咐知情者不要透露答案，或者让他等到练习结束时再说出来。也可以让学员独立写下提议，以避免知情者打搅。设定这种问题时可以发挥想象，也可以通过阅读杂志（科学类、技术类杂志等）或逛展览找灵感。对已有发明物进行再发明不会造成任何不良后果，这是一种很好的实践。

设　计

设计实际上属于问题解决的特殊情形，因为设计的目的也是使状况达到期望的状态。有时我们希望通过设计弥补某些缺陷，但更多时候我们希望借此带来新的事物。因此，设计比问题解决更具有开放性，也更需要创意。问题解决是将明确的目标和明确的初始条件联结起来，而设计只有一个大致的初始条件，朝着一个大致的目标前进。

设计不一定要画图，但在水平思考练习中，画图的方式会更有效。图不一定要画得多好，只要把所要描述的意思以视觉形式清晰呈现出来即可。

图上可以添加注释，但一定要简明扼要。画图的优点在于它和口头描述相比更细致。因为语言可能很笼统，但线条落笔的位置一定是确定的。例如，如果要设计土豆削皮机，很容易听到这样的回答："土豆从那儿进去，以便清洗干净。"但如果是画图，我们可能会看到图 22-1 中的效果。设计者想要用桶装水来清洗土豆，将水桶装进土豆削皮机的最佳方式，就是让机器倾斜——这样水位也应该是倾斜的。如果单纯依靠口头描述，这种桶装水的习惯用法就不会表达得如此清晰。

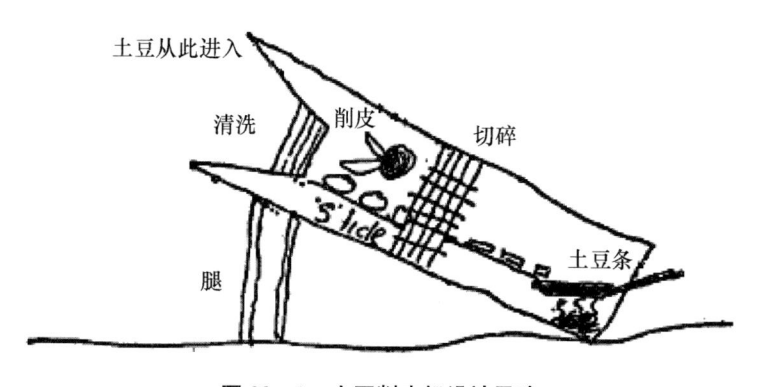

图 22-1 土豆削皮机设计思路

比较

设计练习的第一个目的，就是表明实现某个功能有多种方式。一个设计师或许只能想到一种或几种方式，但多个设计师就会想到许多种不同的方式。因此，只是让一名设计师看看其他设计师的设计，就足以展示看待事物的方式可以如此多种多样。设计环节的目的不是教授设计本身，而是教授水平思考——教授大家以不同方式看待问题的能力。

练习时，给学员布置一个笼统的设计主题（苹果采摘机、能在崎岖不平的路面上行驶的车辆、土豆削皮机、防洒的茶杯、重新设计香肠、重新设计雨伞、理发的机器等），要求学员完成具体的设计任务。为便于比较，最好只布置一个设计题目，而不是让学员从清单里自行选择。之后将学员的设计作业收上来进行比较。

可以比较整体设计（如是将苹果从树上采摘下来还是晃动果树使苹果掉下来），也可以比较特定功能（如是用机械手臂来采摘苹果还是利用机器上孔洞的吸力）。

陈旧组合

在检查学员的设计作业的过程中，老师应该能迅速识别出陈旧组合。陈旧组合指的是从另一情景下直接照搬过来的标准的功能实现方式。例如，水桶和其中用来清洗土豆的水就是陈旧组合。设计练习的第二个目的，就是指出这些做事情的标准方式，并证明这些标准方式并不一定是最好的。

老师在指出陈旧组合时不要做任何评判，也不能带任何指责的语气。在设计过程中，我们总是需要先了解陈旧组合才能继续发展并找到更合适的设计。老师只需要指出设计的哪些部分属于陈旧组合并鼓励设计者继续深化思路即可。

有时可能整个设计都属于陈旧组合。在设计能在崎岖不平的路面上行走的汽车时，有一个小男孩画了一辆配备了大炮、机枪和火箭导弹的军用坦克（见图22-2）。整个设计都是从电影、电视、漫画或百科全书中直接借鉴而来的。

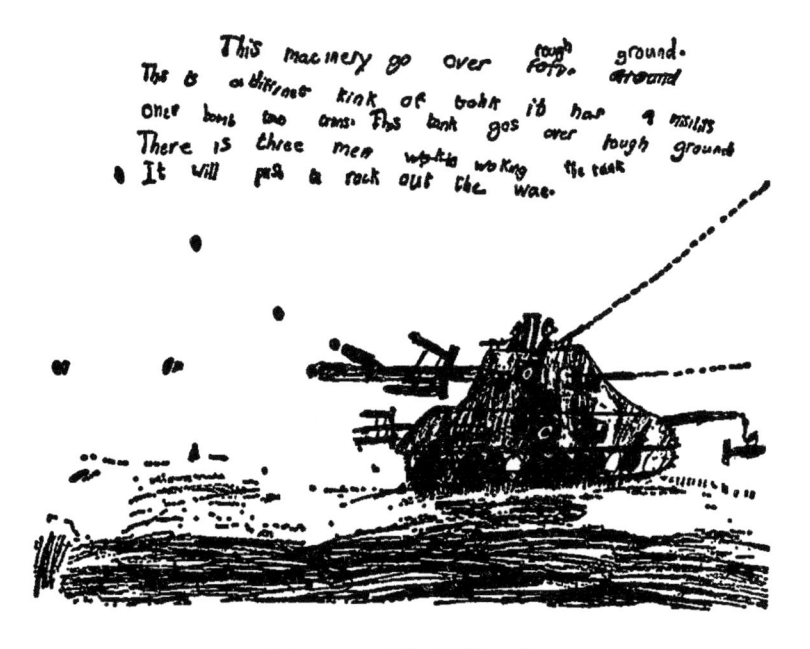

图 22-2　小男孩画的坦克

通常情况下，陈旧组合只占整体设计的一部分。在苹果采摘机练习中，一名学员画的是一个巨大的机器人正从树上摘苹果。机器

22. 描述、问题解决、设计

人的头部有一根天线,从它身后人类手中的遥控器处接收信号。这个机器人五官齐全,甚至还画了睫毛。另一位学员画了一个盒子一样的结构,用简单的圆盘来代替头部。这个结构有两条腿、两只简单的采摘臂,每只采摘臂的末端还画了五根手指。一份设计作业直接省略了腿部,将圆盘一样的头部变成了一只刻度盘,指针可指向"快速、更快、停止",它同样有两只手臂,其末端有五根手指。另一份设计作业省略了头部,但保留了手臂。最复杂精细的一份设计作业画了一台小型可移动滑轮车,车上的一根长臂伸向苹果方向。手臂的末端是一只完整的手,保留了五根手指。有人可能觉得采摘功能是通过手指实现的,但双手的中央有一个黑洞,旁边的注释写道:"苹果从这个洞吸进去。"这一系列陈旧组合从完整地复制人体结构,演变到有五根无用手指的机械手。

正如前文所述,我们在设计过程中总要经历陈旧组合,可以采取下列方式处理:

1. 修剪与分离。将完整陈旧组合所有无关紧要的部分都修剪掉,就好像修剪蔷薇丛一样。例如,在一份复杂的土豆削皮机设计中,设计者想要添加炸土豆条的功能,于是在机器上装了一只带手柄的煎锅。因为土豆进锅出锅都靠机械传输,所以手柄显然是多余的。

通过反复修剪,我们会逐步将陈旧组合浓缩到只剩真正有用的部分(这是工程学的分支学科价值工程学的研究主题)。修剪可以是一个循序渐进的过程，每次都去掉很小的部分，也可以大刀阔斧。例如，对于坦克这种设计，我们可以一下子将作战功能都去掉，只留下履带部分。如果思路跳跃过大，就应该采取分离而不是修剪的方式。修剪和分离都是打破概念的过程，因此运用两者的过程就是脱离刻板模式的水平思考过程。

2. 抽象和提炼。从某个角度讲，抽象和提炼只是分离的一种形式。抽象出陈旧组合的关键部分，就相当于将所有其他部分分离出去。但这两个过程在实践中是不一样的。抽象和提炼只需要辨认并抽离重要部分，而分离则需要从整个陈旧组合入手，一点一点地去掉不重要的部分，直到只剩下重要部分。

抽象出的产物可能是陈旧组合实际的组成部分，也可能是无形的东西，代表看待陈旧组合的某种特定方式。比如，我们可以将功能的概念进行抽象化，虽然这个概念也来自陈旧组合，但它只是一种特定的描述，并不是组合的实际组成部分。但不管怎样，它也是由陈旧组合引申而来的。以苹果采摘机为例，"采摘"就是直接来自"人手"这一陈旧组合的抽象化功能。

3. 组合。组合就是将不同来源的陈旧组合整合在一起，形成从没见过的新组合。整合的过程可能只是简单地添加功能（履带、伸缩臂、用于采摘苹果的机械手），也可能是对功能的升级（例如，在重新设计人体时，将鼻子改装到腿上，因为距离地面越近越便于追踪气味）。

上述处理陈旧组合的不同方式包含了选择与组合的基本过程，而选择和组合是所有信息处理系统的基础，如图 22-3 所示。

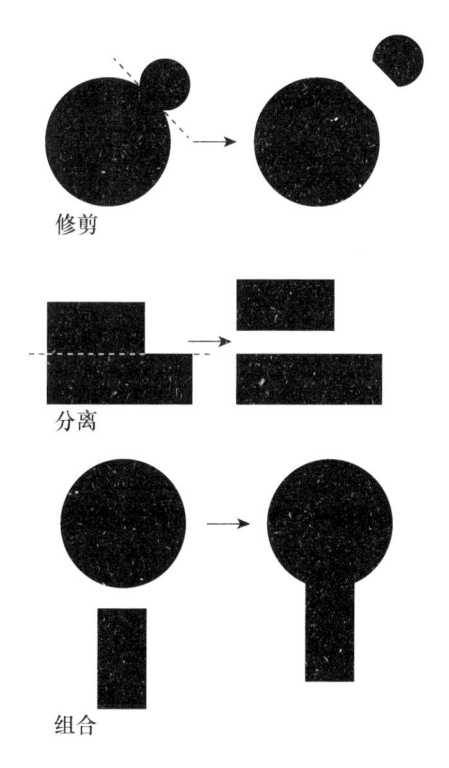

修剪

分离

组合

图 22-3　修剪、分离、组合

功能

功能不同于事物，功能是对发生了什么、还将发生什么的描述。所以我们很容易想到某些特定的物体或物体排列方式是惯用模式，却忽略了功能也可能是惯用模式。

任何一个设计的例子都包含多层次的看待功能的方式。我们可以从最笼统的描述开始，一直深入到最具体的描述。例如，在苹果采摘机的例子中，功能描述可能分为以下层次：使苹果最终落在既定地方，将苹果与果树分离，拾取苹果。通常情况下，我们不会全面分析这种多层结构，而是会对功能进行具体描述，比如"采摘苹果"。描述越具体，思路就越受禁锢。例如，使用"采摘"这个词，就相当于排除了将苹果从树上晃下来的可能性。

为摆脱功能概念太过具体对思路的束缚，我们可以沿着一层层的功能往回推，从具体描述回到笼统描述。用语言表述，就是"不是摘苹果，而是拿掉苹果；不是拿掉苹果，而是将苹果与果树分开"。脱离过于具体的功能概念还有一种方法，就是按水平思考的方式逆向思考。所以不要说"从树上摘下苹果"，而要说"将苹果与果树分开"。

老师给一群孩子布置的作业是设计防洒茶杯，他们想出了各种各样的有效方法。第一种方法就是设计不会被打翻的茶杯。达到这一目的有三种方式：从天花板上垂下长触手以固定茶杯；在桌子上涂"黏性材料"固定茶杯；将茶杯做成金字塔形状。第二种方法就是保证即便茶杯被打翻，里面的液体也不会洒出来。具体方式是给茶杯加一个特殊的盖子（想要喝水时就按一下盖子上的搭扣）或者将杯子做成特殊形状，保证无论杯子如何倾斜，液体都稳稳地留在杯底（就像不会洒的墨水瓶一样）。

关于功能我们可能会有这样的困扰：一旦限定了具体功能，设计的思路就基本固定了。因此我们还要注意创造出关于不同功能的想法，而不仅仅是实现某一具体功能的方式。

在设计过程中，关于功能的抽象和提炼是推进思路的有效方式。如果我们拘泥于某一种具体方式（采摘苹果的机械臂），就无法继续深化思路。但如果我们从这一具体方式中抽象提炼出功能，就可以去探索实现该功能的其他方式（具体过程见图22-4）。老师在比较学员作业时，可以强调不同设计方案只不过是实现相同功能的不同方式，也可以强调从不同的功能概念可以引申出完全不同的方法。

在介绍功能的过程中，老师要讲清楚两点：

1. 功能的抽象和提炼，能帮助我们找到实现这一功能的不同方式。

2. 我们应该怎样转变对功能的特定想法，以便想到新方法。

实践中，我们可以使用下列语言引导对方："这只是实现采摘功能的一种方式。你还能不能想到其他方式？"还可以说："实现采摘功能虽然有很多不同方式，但也只代表看待问题的一种方式。假设我们暂且将采摘功能放在一边，想想如何将苹果和果树分离。"

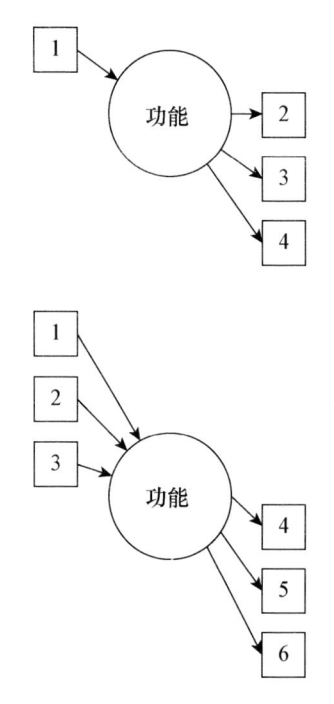

图 22-4 功能的抽象和提炼

设计的目标

对于一个设计问题而言，很少只有一个目标。通常情况下，一个设计问题会包含一个主要目标和多个不太明显的次要目标。例如，在苹果采摘机这个设计课题中，主要目标就是采摘苹果。但在实现主要目标的过程中，我们可能会牺牲掉其他目标。晃动果树以收获苹果的做法，虽然能满足主要目标，却会造成苹果损伤。由庞大的机器来完成采摘工作，可以同时满足收获苹果和不损伤苹果两个目标,却可能不及手工采摘经济划算。因此,关于这个设计课题我们发现了三个目标:采摘苹果,不损伤苹果,保证机器作业比手工作业更划算。当然还会有其他的目标,例如,机器可能要匀速运行,或者体积上要符合一定的要求,才能在标准园地的果树之间自如穿梭。所有这些目标,需要在描述理想中的机器时说清楚,否则的话,可能到了检验设计的效果时,这些目标才会显现出来。

有些设计者可能会在整个设计过程中一直关注所有目标,所以他们的进度往往很慢,而且某个想法只要不符合其中任何一个要求,就会立马被否决掉。还有些设计者会专注于如何满足主要目标以迅速地推进设计思路,等发现某个解决方案后才去思考是否能同时满足其他目标。后一种方法虽然更有利于启发思路,但在敲定方案之前必须进行全面评估,否则可能因为忽视某个重要目标而酿成灾难。这项评估工作最好留到最后,而不是每到一个步骤评估一次,这样才能避免中途否决本身不全面但有助于引申出其他更好想法的想法。

设计与水平思考

这部分不是讨论设计本身,而是说明设计过程常用到水平思考方法,是练习水平思考的理想背景。在设计的过程中,我们总是要重组概念、发现并规避陈旧组合,不断地生成新方法。

本节的很多例子都来自7~10岁儿童的设计作业。这些儿童相对成人很单纯，所以他们在设计过程中的表现相对成人稚嫩很多。但这些例子的好处在于能更清楚地体现设计的过程及设计过程中的问题。这些问题之所以会出现，不是因为孩子还小，而是由大脑处理信息的方式直接造成的，所有年龄层都会表现出相同的问题，只是明显程度不同而已。

打造设计环境的第一个目的，是鼓励大家形成很多的方案；第二个目的是使大家不满足于现有方案，努力寻找更好的方案；第三个目的，就是拓展思路，避免被惯用模式束缚。这三个目的，呼应了水平思考的意义。

练　习

老师给学员布置一道设计题目，每位学员的任务内容相同。每份设计作业都要画图表示。图上可以添加简单的注释以说明操作方法，也可以添加更全面的介绍。但这种介绍只能涉及图中已有内容，不能用来取代图本身。每个设计项目安排半小时就足够了，因为老师关注的是设计过程本身，设计方案是否出色并不重要。

布置设计题目时，有些学员可能会追问更多信息。例如，如果课题是设计能在崎岖不平的路面上行驶的车辆，有学员可能会问崎岖不平的路面具体是什么情况。虽然这些提问完全合理，而且实际设计课题通常也会明确限定目标，但在练习中最好不要做任何规定，

22. 描述、问题解决、设计

允许大家自行做出限定。只有这样，学员作业才会更加多样化。在讨论作业的过程中，老师可以点评学员满足主要目标及其他目标的方式，但切记不要批评没有满足题目并未明确提出的要求的设计。

交上来的作业可以现场讨论，也可以留到下一次上课时进行评估讨论。如果可能，最好在讨论前先展示大家的成果。

如前文所述，讨论的重点应该放在比较实现功能的不同方式和发现陈旧组合上。在比较作业的过程中，不要评选最佳设计，以免约束大家的想象力。如果老师确实希望表扬优秀的设计，可以将点评的重点放在原创力或经济效益等具体细节上，不要笼统地评个"优秀"。或者，老师也可以选择"有趣""不寻常""新颖"等词语来点评。最重要的是，老师切忌批评任何具体的设计方案。因为这种批评没有任何好处，只会约束大家的思路。如果老师希望学员能发扬某种特质，可以表扬做到了这一点的学员，但不要批评没做到这一点的学员。最好不要让学员公开评判他人的设计（也就是说，不要在课堂上要求学员做出评判）。

这一部分介绍了针对设计项目的建议。总体而言，设计是发明新事物（如理发机）或改良现有事物（如重新设计梳子）。设计的题目可简单，可复杂。整体而言，简单的机械设计比抽象想法更合适。可以让大家重新设计任何日常用品，如电话听筒、铅笔、自行车、火炉、鞋、书桌。

设计的可行性

老师的作用并不是认真分析每份设计作业，在淘汰掉不可行的方案后筛选出合理而可行的方案，但即便如此，老师也还是希望学员以可行性为设计目标，不要太天马行空。不同年龄的学员所掌握的机械知识水平明显不同，但任何情况下练习的意义都不是检验他们的知识水平。老师可以时不时地选出某个明显不具有实际可行性的设计方案，并向大家展示虽然方案本身不具有实际可行性却能引申出有用的想法，这就足够了。老师评判的标准并不是设计方案是否可行，而是设计者是否在朝着可行的设计方案努力（即使其他人都认为他的方案不可行）。如果对方案存有疑惑，老师可以什么都不说，忽略该设计方案就可以了。

结　语

　　教育一向强调遵循逻辑和有顺序的思考方式。传统观点认为，这种思考方式是唯一合理的信息使用方式。传统教育虽然笼统地鼓励创新，却将创造力视为一种神秘的天分。本书的主题是水平思考。它的意义不是取代传统的逻辑（垂直）思考，而是为其提供必要的补充。因为没有水平思考，单纯的逻辑思考是不全面的。

　　水平思考对信息的使用和逻辑思考明显不同。例如，逻辑思考要求每一个步骤都必须正确，但水平思考不但没有这项要求，甚至有时还必须故意犯错，以动摇既定模式进而重组新模式。进行逻辑思考时，我们必须马上做出判断，但进行水平思考时，我们需要延迟判断才能让信息互相作用进而生成新想法。

水平思考涉及两个方面：一是以启发性的方式使用信息，二是挑战广为接受的概念。透过这两个方面可以看出水平思考的主要目的，就是提供模式重组的途径。这种模式重组对更好地利用现有信息至关重要，它也是洞察力重组的过程。

大脑是一个模式创建系统。大脑从环境中获取原料以创建模式，之后再辨识与使用模式。这是大脑有效性的基础。但信息到达的顺序决定了形成的模式，所以通常情况下，生成的模式并不是可行条件下对信息的最佳编排方式。为更新模式进而更好地利用信息，我们需要有相应的机制来实现洞察力重建的目的。逻辑思考无法做到这一点，因为这种思考方式只能关联到广为接受的概念，而无法对其进行重组。信息处理系统的这种行为，决定了只有通过水平思考才能实现洞察力重组。水平思考的启发性功能以及挑战性功能都是以洞察力重组为目的的。两种功能对信息的使用都摆脱了理性的束缚，因为水平思考本身就是不遵循理性的。但水平思考的必要性，在很大程度上是由自我效能最大化记忆系统（同样的系统也让大脑能够形成幽默）所存在的缺陷决定的，这一点说起来很符合逻辑。

我们在更早的阶段使用水平思考，水平思考用以重组认知模式（看待问题的方式），垂直思考则接受并深化认知模式。水平思考是生成性的，而垂直思考是选择性的。但两者都以有效为目的。

　　普通的传统思考并没有相应的方法引导我们在获得满意的答案后继续开拓思路，因为我们在这种情况下会马上停止思考，即便可能存在很多更好的信息编排方式。一旦我们得到了满意的答案，就很难靠逻辑思考继续推进思路，因为作为逻辑思考基础的否定机制无法帮助我们发现更多的方案。而在水平思考的框架下，我们很容易就能通过洞察力重组摆脱满意答案的束缚。

　　水平思考对解决问题和生成新想法很有帮助。但它的用处远不止这两种，因为它实际上是所有思考过程必不可少的组成部分。如果没有方法来转变并更新概念，我们很可能被这些弊大于利的概念束缚。另外，僵硬的概念模式实际上会造成诸多问题。这些问题尤其尖锐，因为它们无法被现有证据动摇，只能靠洞察力重组才能解决。

　　随着科技进步带来的沟通提速和社会进步的加快，我们越发明显地认识到转变思想的必要性。但我们从来没有建立转变思想的满意方法，只能依靠冲突。水平思考的目的，就是通过洞察力重组促进转变思想。

　　水平思考与洞察力和创造力直接相关，但这两个过程都是在实际发生后我们才意识到它们的存在，水平思考可以利用信息刺激来有意识地促使这两个过程发生。在实践中，水平思考和垂直思考是相辅相成、密不可分的。但理论上最好还是将两者区分开来，以便了解水平思考的本质并掌握水平思考的使用方法。另外，区分两者还可以避免混乱，因为水平思考的信息使用规则和垂直思考截然不同。

仅靠读书学习很难掌握水平思考技能。为培养这种技能，我们必须练习再练习。也正因如此，本书才会如此注重练习环节。劝导和个人意愿对培养水平思考技能来说都不够。水平思考的实际应用有专门的技巧，这些技巧有两层目的，一是为了应用而应用，二是可以用来培养水平思考的习惯，后者才是更重要的。

为有效运用水平思考，我们需要实用的语言工具。这种工具要能引导我们按照水平思考所要求的特定方式使用信息，并向他人表明我们在使用水平思考方法。这个工具就是PO。PO是一种洞察力工具，也是语言松弛剂，用以撼动大脑自然形成的僵化模式，刺激新模式的诞生。

水平思考不是因疑虑而制造疑虑、因混乱而制造混乱。水平思考认可秩序和模式的巨大作用，但同时强调必须改变并更新模式，才能让它们发挥更大的作用。水平思考尤其强调僵化模式的危险性，但大脑很容易形成这些僵化模式，这是由它处理信息的方式所决定的。

Lateral Thinking: Creativity Step by Step by Edward de Bono

Copyright © Edward de Bono Ltd 1970 created by Dr Edward de Bono;

www.debono.com

Simplified Chinese translation copyright © 2024 by China Renmin University Press Co., Ltd.

All Rights Reserved.

图书在版编目（CIP）数据

水平思考：让新想法源源不断 /（英）爱德华·德博诺（Edward de Bono）著；王琼译. -- 北京：中国人民大学出版社，2024.4

书名原文：Lateral Thinking：Creativity Step by Step

ISBN 978-7-300-32663-4

Ⅰ.①水… Ⅱ.①爱… ②王… Ⅲ.①创造性思维-研究 Ⅳ.①B804.4

中国国家版本馆CIP数据核字（2024）第057143号

水平思考
让新想法源源不断
[英] 爱德华·德博诺（Edward de Bono） 著
王琼 译
Shuiping Sikao

出版发行	中国人民大学出版社			
社　　址	北京中关村大街31号		邮政编码	100080
电　　话	010-62511242（总编室）		010-62511770（质管部）	
	010-82501766（邮购部）		010-62514148（门市部）	
	010-62515195（发行公司）		010-62515275（盗版举报）	
网　　址	http://www.crup.com.cn			
经　　销	新华书店			
印　　刷	涿州市星河印刷有限公司			
开　　本	890 mm×1240 mm　1/32		版　次	2024年4月第1版
印　　张	11.125 插页1		印　次	2025年3月第2次印刷
字　　数	201 000		定　价	68.00元

版权所有　侵权必究　印装差错　负责调换